中学受験

「比」を使って算数の文章題を機械的に解く方法

中学受験算数専門
プロ家庭教師
熊野孝哉

❖ はじめに ❖

はじめまして、中学受験算数専門プロ家庭教師の熊野孝哉です。
2007 年に初めての本を書かせていただいてから、本書は 13 冊目（改訂版を含めれば 28 冊目）の出版ということになります。

本書は、15 年前（2008 年）に発売された『中学受験の算数・熊野孝哉の「比」を使って文章題を速く簡単に解く方法』（以下「旧版」）のアップグレード版として、旧版のコンセプトは残しつつ、全体を書き直したものです。

今では「比の解法」（方程式の中学受験版）をテーマにした本も珍しくなくなりましたが、旧版が発売された当時は類書が存在しなかったこともあり、想像以上の反響をいただきました。
また、発売後の 6 年間で増刷を 9 回行い、その後も改訂と増刷を重ねるなど、15 年間で多くの受験生の方に活用していただきました。

＊　　　＊　　　＊

ただ、発売から 15 年が経過して類書も増えている中、旧版の内容が相対的に古くなってきたのも事実で、私自身の目から見ても改善したい点がいくつかありました。

本書で改善した点は次の 3 つです。
・問題数の増加（25 問→ 80 問）
・解説形式（手書きメイン→印字メイン）
・難易度調整（基本問題の割合を増やし、全体の難易度を下げた）

旧版の問題数（25 問）は、受験生が一人で本書に取り組む（親御様がフォローしない）ことを前提にして、問題数が何問くらいなら頑張れるかというアンケートを当時（2008 年）の受験生にとり、その結果を反映させたものでした。

実は、親御様からは「問題数は多い方がいい」というご意見の方が多かったのですが、最終的には受験生の声を優先し、大人の感覚ではかなり少ない問題数にしました。

ただ、今は15年前に比べて親御様がお子様の勉強について直接フォローされるケースが多くなり、問題数が多くてもやり切れる（挫折しない）傾向があります。
そこで、本書では問題数を３倍以上に増やし、十分な演習量を確保できるようにしました。

解説形式についても、印字と手書きの２パターンの解説サンプルを用意して当時の受験生にアンケートをとり、その結果を反映させていました。
これについても、親御様からは「印字の方がいい（見やすい）」というご意見の方が多かったのですが、逆に受験生からは「手書きの方がいい」という声が圧倒的に多く、最終的には受験生の声を優先し、解説のほとんどを手書きにしました。

ただ、こちらも15年前に比べて親御様が直接フォローされるケースが増えていることに加えて、受験生も低学年から学習を開始するケースが多く、当時の受験生に比べて印字された教材に慣れ親しんでいるといった変化があります。
そういった実情を鑑みた上で、印字メインにして随所に手書きの解説を入れるという形が最善ではないかと判断し、本書では印字メインの解説形式に変更しました。

問題の難易度については、旧版では基本レベルの問題が少なく、算数の苦手なお子様にとっては少しハードルの高さを感じるものがあったのではないかと思います。
また「比の解法を身につける」という目的に対して、題材となる問題は少し易しく感じる方がスムーズに取り組めるのではないかと判断し、本書では基本レベルの問題を増やしました。

＊　　＊　　＊

「コツを掴んでしまえば、作業で解ける」という意味を込めて、本書のタイトルには「機械的」という言葉を使用しています。

「比の解法」と言うと難しく感じる受験生や親御様が多いかもしれませんが、問題によって解法を使い分ける必要がなく、同じ手順（求めたいものを①などの比でおく→条件を整理して式を作る→計算する）で解けるという点では、受験算数の特殊な解法より、むしろ易しく感じる受験生が多いのではないかと思います。

比の解法に興味を持っている受験生（親御様）、算数に苦手意識を持っている受験生、お子様のフォローに苦戦されている親御様、先取り学習に取り組んでいる４年生。
本書は、いずれの方にも役立てていただけるような本を目指したつもりです。

これから中学入試を迎える受験生や親御様が本書を有効に活用していただけましたら、著者として嬉しく思います。

2023 年 6 月

熊野孝哉

❖ 本書の効果的な使用法 ❖

本書は、基本的には「比の解法」を短期間で習得することを目的としていますが、お子様の状況等によって、効果的な使用法も変わってくるかと思います。

ここでは代表的なものとして、いくつか効果的な使用例を紹介させていただきます。

【使用例１：比の解法を最短距離で習得する】

本書では別解として算数の解法も多く紹介していますが、使用目的を比の解法の習得に限定すれば、各問題のメインの解法（比の解法）のみを確認していくという使用法が最も効率的です。

比の解法に慣れるまでは、問題を読んだ後、そのまま（解かずに）解説を読み進めていくという方法がおすすめです。
比の解法に慣れてきたら、問題を自力で解いてから解説を確認するという、一般的な問題集の取り組み方で進めていくのがいいでしょう。

問題数は 80 問ありますが、比の解法の習得（のみ）が目的であれば、全ての問題を行わなくてもいいと思います。
例えば、最初の 20 問を終えた時点で（比の解法の）コツが掴めたと感じたのであれば、当初の目的は達成していますので、そこで本書を終了してもいいでしょう。

【使用例２：文章題の基礎固めをする】

本書で扱っている 80 問は、文章題の基本・標準レベルの代表的な問題ですので、文章題の基礎固めをするという目的で使用することもできます。

その場合は、メインの解法（比の解法）だけでなく、別解として紹介している算数の解法も参考にしながら、全 80 問に取り組んでいくのがいいでしょう。

【使用例３：親御様が「虎の巻」として使用する】

親御様が算数をお子様に教える際に、方程式を使えば説明できるけれど、算数の解法に限定されると厳しくなってしまう、という話をよく聞きます。

比の解法は、実質的には方程式（一次方程式、連立方程式）と同じ仕組みですので、親御様が「虎の巻」として使用していただければ、限られた時間の中でもお子様をサポートしやすくなります。

【使用例４：難関校志望者が４年生で使用する】

本書は、基本的には５年生後期から６年生前期での使用を想定していますが、先取り学習を進めている４年生が、更なるレベルアップを図って使用することも可能です。

ただ、先取り学習を進めているとは言っても、まだ十分に理解できていない範囲や、学習したことのない範囲が多く残っているかもしれません。
その場合は、本書の中から現時点で取り組めそうな問題を拾って断片的に行い、残りの問題は数ヶ月〜１年後に改めて取り組んでいくのがいいでしょう。

【使用例５：毎日のルーティーンとして行う】

本書を１日２問ずつ進めれば、40 日後には「比の解法の習得」「文章題の基礎固め」を無理なく達成できることになります。
特に、毎日のルーティーン（朝学習など）に組み込めば、大きな負担感もなく本書を完了していただけます。

❖もくじ❖

問題編

問題１（和差算：基本）

Ａ君はＢより 50 円多く持ってい、２人の合計は 250 円です。Ａ君が持っているお金は何円ですか。

問題 2（和差算：３つの数量の和差算）

Ａ君はＢ君より 40 円多く、Ｂ君はＣ君より 20 円多く持っていて、３人の合計は 440 円です。Ａ君が持っているお金は何円ですか。

問題 3（分配算：基本）

20 個のあめを、Ａ君がＢ君の３倍になるよう分けました。Ａ君は何個もらいましたか。

問題 4（分配算：倍数と差の問題）

25 個のあめを、Ａ君がＢ君の２倍より４個多くなるように分けました。Ａ君は何個もらいましたか。

問題 5（つるかめ算：基本）

50 円切手と 80 円切手を合計 10 枚買うと、代金は 620 円でした。80 円切手は何枚買いましたか。

問題 6（つるかめ算：減点の問題）

問題数が 10 問のテストを行います。正解すると 1 問につき 5 点もらえ、間違えると 3 点引かれます。得点が 26 点のとき、正解した問題は何問でしたか。

問題 7（差集め算：基本）

80 円切手を何枚か買う予定でお金を持って行きましたが、実際は 50 円切手を買ったので、買えた枚数は予定より 6 枚多くなり、おつりはありませんでした。持っていお金は何円でしたか。

問題 8（過不足算：余りと余り）

あめを 1 人に 2 個ずつ配ると 26 個余り、4 個ずつ配ると 2 個余ります。あめは何個ありますか。

問題 9（過不足算：不足と不足）

あめを1人に5個ずつ配ると40個不足し、3個ずつ配ると8個不足します。あめは何個ありますか。

問題 10（過不足算：余りと不足）

あめを1人に2個ずつ配ると10個余り、3個ずつ配ると15個不足します。あめは何個ありますか。

問題 11（過不足算：長いすの問題）

生徒が長いすに座るのに、1脚につき4人ずつ座ると14人が座れなくなります。また、1脚につき6人ずつ座ると、1脚だけ2人で座り、1脚余ってしまいます。生徒の人数は何人ですか。

問題 12（平均算：平均点を求める）

A組の人数は20人、B組の人数は30人です。テストを行ったところ、A組の平均点は70点、A組とB組を合わせた平均点は64点でした。B組の平均点は何点でしたか。

問題 13（平均算：テストの回数）

今までに何回かテストを受けて、平均点は 76 点でした。今回のテストで 100 点を取れば、今回までの平均点は 80 点になります。今回のテストは何回目ですか。

問題 14（消去算：基本）

ノート 2 冊と消しゴム 3 個を買うと 540 円、ノート 5 冊と消しゴム 4 個を買うと 1000 円になります。消しゴム 1 個の値段は何円ですか。

問題 15（消去算：代入して求める①）

ノート 3 冊と消しゴム 2 個を買うと 390 円になります。また、ノート 1 冊の値段は、消しゴム 1 個の値段より 30 円高いです。ノート 1 冊の値段は何円ですか。

問題 16（消去算：代入して求める②）

ノート 2 冊と消しゴム 5 個を買うと 550 円になります。また、ノート 1 冊の値段は、消しゴム 3 個の値段と同じです。ノート 1 冊の値段は何円ですか。

問題 17（相当算：基本）

ある本の全体５分の３を読んだところ、残りは 60 ページでした。本全体は何ページありますか。

問題 18（相当算：残りの量と全体の量）

ある本を、１日目は全体の５分２を読み、２日目は残りの３分の１を読んだところ、残りは 80 ページでした。本全体は何ページありますか。

問題 19（倍数算：和が一定）

Ａ君とＢ君の持っているお金の比は２：１ですが、Ａ君とＢ君に 400 円をあげると２：３になります。Ａ君の持っているお金は何円ですか。

問題 20（倍数算：差が一定）

Ａ君とＢ君の持っているお金の比は８：５ですが、２人とも 700 円ずつ使うと３：１になります。Ａ君の持っているお金は何円ですか。

問題 21（倍数算：倍数変化算）

Ａ君とＢ君の持っているお金の比は４：５ですが、Ａ君が 400 円もらい、Ｂ君が 200 円使うと３：２になります。Ａ君の持っているお金は何円ですか。

問題 22（年令算：基本①）

現在、母は 40 才、子供は 10 才です。母の年令が子供の年令の３倍になるのは、何年後ですか。

問題 23（年令算：基本②）

現在、母は 40 才、子供は 10 才です。母の年令が子供の年齢の６倍だったのは、何年前ですか。

問題 24（年令算：年令の旅人算）

現在、母は 40 才、２人の子供は 12 才と 10 才です。母の年令が子供の年令の和と等しくなるは、何年後ですか。

問題 25（仕事算：1人が途中で休む）

ある仕事をするのに、Aは10日、Bは15日かります。この仕事をAとBが一緒に始めましたが、途中でBが何日か休んだため、仕事が終わるのに8日かかりました。Bは何日休みましたか。

問題 26（仕事算：仕事のつるかめ算）

ある仕事をするのに、Aは10日、Bは15日かかります。この仕事を最初はAが行い、残りをBが行ったところ13日かかりました。Aは何日仕事をしまたか。

問題 27（ニュートン算：はじめの人数あり）

ある遊園地で、窓口が開いた時には120人の行列ができていました。行列は1分間に同じ人数ずつ増えます。窓口を1つ開けたところ、行列は30分でなくなりました。窓口を2つ開けたところ、行列は10分でなくなりました。窓口を3つ開けると、行列は何分でなくなりますか。

問題 28（ニュートン算：はじめの人数なし）

ある遊園地で、窓口が開いた時には行列ができていました。行列は 1 分間に同じ人数ずつ増えます。窓口を 1 つ開けたところ、行列は 42 分でなくなりました。窓口を 2 つ開けところ、行列は 12 分でなくなりました。窓口を 3 つ開けると、行列は何分でなくなりますか。

問題 29（食塩水：2 種類の食塩水をまぜる）

6 %の食塩水と 30%の食塩水をまぜると、12%の食塩水が 400 g できました。6 %の食塩水は何 g 混ぜましたか。

問題 30（損益算：利益から原価を求める）

ある品物の原価に 4 割の利益を見込んで定価をつけましたが、売れなかったので、定価の 2 割引きで売ったところ、利益は 54 円になりました。原価は何円ですか。

問題31（損益算：個数と全体の利益）

原価100円の品物を100個仕入れ、５割の利益を見込んで定価をつけましたが、こわれて売れない商品が何個かあり、全体の利益は2000円でした。こわれて売れなかった商品は何個ですか。

問題32（割合と比：ボールを落とす）

落とすと80％の高さだけはね返るボールがあります。このボールをある高さから落としたところ、２回目にはね返った高さは96cmでした。落とした高さは何cmですか。

問題33（割合と比：池に棒を立てる）

池に棒A、Bを立てたところ、Aは３分の２、Bは５分の３が水面の上に出ていました。棒A、Bの長さの差は30cmです。池の深さは何cmですか。

問題34（割合と比：生徒の増減）

ある学校の昨年の生徒の人数は、男女合わせて220人でした。今年は男子が５％増え、女子が４％減り、全体の人数は２人増えました。今年の男子の人数は何人ですか。

問題35（旅人算：速さの和差算）

1周600 mの池の周りを、A君とB君が歩きます。2人が反対方向に進むと4分ごとに出会い、同じ方向に進むと12分ごとにA君がB君を追いこします。A君の速さは分速何mですか。

問題36（通過算：通過の比較）

電車が180 mの鉄橋を通過するのに15秒、300 mのトンネルを通過するのに21秒かかります。電車の長さは何mですか。

問題37（流水算：流れの速さを求める）

ある船が30kmの川を上るのに5時間、下るのに3時間かかります。川の流れの速さは時速何kmですか。

問題38（速さと比：速さのつるかめ算）

1200 mはなれた地点に行くのに、最初は分速60 mで歩き、途中から分速100 mで走ったところ、18分かかりました。走った時間は何分ですか。

問題 39（速さと比：速さの過不足算）

家から学校に行くのに、分速 60 mだと始業時刻に 10 分遅れてしまい、分速 100 mだと始業時刻より 6 分早く着きます。家から学校までの距離は何mですか。

問題 40（速さと比：往復にかかった時間）

ある 2 地点間を往復するのに、行きは分速 60 m、帰りは分速 80 mで歩いたところ、往復で 35 分かかりました。2 地点間の距離は何mですか。

問題 41（分配算：商と余りの関係）

2 つの数AとBの和は 200 で、AをBで割ると、商は 4 で余りが 20 になります。Aはいくつですか。

問題 42（分配算：3 つの数量の分配算）

A、B、Cの 3 人の所持金の合計は 2500 円で、AはBの 2 倍より 10 円多く、BはCの 3 倍より 30 円多いそうです。Bの所持金は何円ですか。

問題 43（つるかめ算：合計の差）

1 個 100 円のりんごと 1 個 50 円のみかんを合計 40 個買ったところ、りんごの代金の合計の方が、みかんの代金の合計よりも 400 円高くなりました。りんごは何個買いましたか。

問題 44（つるかめ算：3 つの数量のつるかめ算）

30 g、20 g、10 g の 3 種類のおもりが全部で 32 個あります。重さの合計は 600 g で、20 g と 10 g のおもりは同じ個数あります。30 g のおもりは何個ありますか。

問題 45（差集め算：個数を逆にする）

1 個 100 円のりんごと 1 個 50 円のみかんを何個かずつ買って 2400 円になる予定でしたが、個数を逆にして買ったため、2100 円になりました。りんごを何個買う予定でしたか。

問題 46（過不足算：配り方をそろえる）

あめを配るのに、最初の 5 人に 5 個、残りの人に 2 個ずつ配ると 15 個余り、全員に 4 個ずつ配ると 10 個足りなくなります。あめは何個ありますか。

問題47（平均算：人数を求める）

30人のクラスでテストをしたところ、全体の平均点は61.4点、男子の平均点は60点、女子の平均点は63点でした。女子の人数は何人ですか。

問題48（相当算：重なりに注目する）

ある学校の男子の人数は全体の60%より22人少なく、女子の人数は全体の45%より7人多いそうです。男子の人数は何人ですか。

問題49（相当算：複雑な相当算）

太郎君はある本を、1日目は全体の7分の2と6ページ、2日目は残りの12分の5と4ページを読んだところ、45ページ残りました。この本は全部で何ページありますか。

問題50（年令算：倍率の変化）

現在、父の年令は子供の年令の5倍で、18年後には2倍になります。現在の父の年令は何才ですか。

問題 51（損益算：２通りの値引き）

ある品物を定価の２割引きで売ると 80 円の利益があり、３割引きで売ると 120 円の損失になります。原価は何円ですか。

問題 52（損益算：個数と全体の利益）

ある商品を１個 150 円で何個か仕入れましたが、40 個がこわれていたので捨てて、残りの商品を１個 200 円で売ったところ、利益は 12000 円になりました。仕入れた商品は何個でしたか。

問題 53（旅人算：速さの差集め算）

太郎君はＡ地点を分速 70 ｍで、花子さんはＢ地点を分速 50 ｍで、向かい合って同時に出発しました。２人はＡＢの真ん中から 200 ｍはなれた地点で出会いました。ＡＢの距離は何ｍですか。

問題 54（旅人算：速さの和差算）

Ａ君とＢ君が池の周りを、同じ場所から同時に出発しました。２人が反対方向に進むと５分ごとに出会い、同じ方向に進むと 30 分ごとにＡ君がＢ君を追いこします。Ｂ君が池を１周するのにかかる時間は何分ですか。

問題 55（通過算：通過の比較）

長さ 150 mの普通電車がトンネルを通過するのに 1 分 15 秒かかります。また、長さ 200 mの特急電車が同じトンネルを通過するのに 40 秒かかります。特急電車の速さは普通電車の速さの２倍です。このとき、トンネルの長さは何mですか。

問題 56（流水算：流速の変化）

船で 36km の川を往復するのに、上りは 6 時間、下りは 3 時間かかりました。下るときの川の流れの速さが上るときの 2 倍だったとすると、この船の静水時の速さは時速何 km ですか。

問題 57（和差算：勝敗と個数の増減）

A君と B君はいくつかご石を持っています。じゃんけんをして勝ったら 3 個増え、負けたら 1 個減り、あいこの場合は 2 人とも 2 個ずつ増えるものとします。30 回じゃんけんをして、A君は 45 個増え、B君は 25 個増えました。A君は何回勝ちましたか。

問題 58（つるかめ算：３つの数量のつるかめ算）

つるとかめとカブトムシが合わせて 35 匹います。足の数の合計は 146 本で、かめはつるの２倍います。かめは何匹いますか。

問題 59（差集め算：同じ廊下を２人が歩く）

太郎と次郎が歩いて廊下（ろうか）の長さを測ろうとしたところ、太郎は 51 歩あるくと残りが 31cm となり、次郎は 58 歩あるくと残りが 42cm となりました。太郎と次郎の歩幅の差が９cm であるとき、この廊下の長さは何mですか。

問題 60（過不足算：人数が変わる）

何人かの子供に１人 16 枚ずつカードを配ったところ、８枚足りませんでした。10 人の子供が加わったので、今度は１人 12 枚ずつ配ったところ、24 枚余りました。カードは全部で何枚ありますか。

問題 61（過不足算：男女で異なる配り方）

男子よりも女子の方が2人多い学級でたくさんのビー玉を分けます。男子に9個ずつ、女子に7個ずつ配ると9個余り、男子に4個ずつ、女子に6個ずつ配ると89個余ります。この学級の人数は何人ですか。

問題 62（平均算：平均費用と個数）

ある品物を作るのに、1個目から15個目までは1個200円、16個目から50個目までは1個180円、51個目からは1個120円かかります。1個を作るのにかかる金額の平均を150円以下にするには、少なくとも何個作らなければなりませんか。

問題 63（相当算：複雑な相当算）

ある本を、1日目は全体の4分の1と35ページ、2日目は残りの5分の2を読んだところ、残りのページ数は本全体の8分の3になりました。2日目に読んだページ数を求めなさい。

問題 64（相当算：複雑な相当算）

ある中学校では、男子生徒の人数は女子生徒の人数の７分の６より８人多く、女子生徒の人数は生徒全員の人数の９分の４より 16 人多くなっています。生徒全員の人数を求めなさい。

問題 65（倍数算：３人のやりとり）

A、B、Cの３人が持っているカードの枚数の比は８：５：４でした。AがB、Cに６枚ずつ渡すと、３人の枚数の比は 10：13：11 になりました。はじめにAが持っていたカードは何枚でしたか。

問題 66（年令算：複雑な年令算）

太郎君の家族は父、母、兄、太郎君、妹の５人家族です。現在の５人の年令は全員異なり、兄は妹より４才年上です。９年前の父と母の年令の和は、兄と太郎君と妹の年令の和の５倍でしたが、現在の父と母の年令の和は、兄と太郎君と妹の年令の和の２倍です。現在の太郎君の年令を求めなさい。ただし、９年前の時点で妹は生まれていたものとします。

問題 67（年令算：複雑な年令算）

父、母、長男、次男、三男の5人家族がいます。父は母より3才年上で、3人の子供の年令にはそれぞれ2才ずつ差があります。現在、父の年令は三男の年令の5倍です。さらに、12年前はまだ次男と三男は生まれていなかったため、父と母と長男の3人家族で、年令の和は64才でした。現在の母の年令は何才ですか。

問題 68（ニュートン算：つるかめ算の利用）

窓口が3つある売り場に、10秒に1人の割合で客が切符を買いに来ます。客の人数が90人になったとき、切符を売り始めます。窓口を3つとも開けて売り始めると、10分で行列がなくなります。窓口を3つとも開けて売り始め、途中から窓口を1つ閉めて2つだけで売るとすると、行列を15分以内でなくすためには、窓口を3つ開けておく時間は少なくとも何分間必要ですか。

問題 69（ニュートン算：複雑なニュートン算）

ある映画館で新作映画の試写会が行われました。その日は、上映１時間前に 657 人の客が入場を待っていたので、窓口を４つ開けて入場させました。入場を開始して 18 分後でも 621 人が窓口に並んでいたので、もう２つの窓口を開けて入場させたら、上映 15 分前に 351 人が窓口に並んでいました。１分あたり何人の客が窓口に新しく並びますか。

問題 70（食塩水：２通りの混ぜ方）

ＡとＢの２種類の食塩水があります。ＡとＢを２：１の割合で混ぜると９％の食塩水ができ、４：７の割合で混ぜると 14％の食塩水ができます。５：６の割合で混ぜると何％の食塩水ができますか。

問題 71（損益算：複雑な損益算）

ある品物 10 個に、仕入れ値の 15％の利益を見込んで定価をつけましたが、３個しか売れなかったので、残り７個を１個につき 100 円引きにしたところ、すべて売れて利益は全部で 500 円になりました。この品物１個あたりの仕入れ値を求めなさい。

問題 72（旅人算：３人の旅人算）

太郎君と次郎君はＡから、三郎君はＢからＣに向かって３人同時に出発すると、太郎君は 10 分後、次郎君は 12 分後に三郎君に追いつきます。太郎君がＡから、次郎君がＢからＣに向かって同時に出発すると、太郎君は何分で次郎君に追いつきますか。

問題 73（旅人算：出会いと追い越し）

電車が上りと下りとも同じ間かくで時速 84km で走っています。この線路に平行な道をオートバイが一定の速さで走っています。このオートバイは３分ごとに電車とすれ違い、11 分ごとに電車に追い越されます。オートバイの速さは時速何 km ですか。

問題 74（通過算：２通りの追い越し）

電車が線路と平行な道を時速６km で歩いている人を６秒で、時速 14km で走っている人を７秒で追い抜きました。この電車の速さは時速何 km ですか。

問題 75（通過算：出会いと追い越し）

同じ長さの急行電車と普通電車が同じ方向に走っているとき、急行電車が普通電車に追いついてから並ぶまでに 14 秒かかります。また、反対方向に走っているとき、出会ってからはなれるまでに２秒かかります。急行電車と普通電車の速さの比を求めなさい。

問題 76（通過算：出会いと追い越し）

長さ 80 m の電車Ａ、長さ 100 m の電車Ｂ、長さ 155 m の電車Ｃがあります。電車Ｃの速さは電車Ａの速さの 1.2 倍です。電車Ａが電車Ｂに追いついてから完全に追い越すのに 30 秒かかりました。また、電車Ｃが電車Ｂに追いついてから完全に追い越すのに 25 秒かかりました。電車Ｃの速さは秒速何mですか。

問題 77（速さと比：平均の速さ）

Ａ君は、Ｐ地点からＱ地点を通りＲ地点まで走りました。Ｐ地点からＱ地点までは時速 10km で走り、Ｑ地点からＲ地点までは時速５km で走ったところ、Ｐ地点からＲ地点までの平均の速さは時速８km になりました。Ｐ地点からＱ地点までの道のりは、Ｑ地点からＲ地点までの道のりの何倍ですか。

問題 78（過不足算：３通りの配り方）

あめ玉を男子に９個ずつ、女子に４個ずつ配ると、６個足りません。男子に４個ずつ、女子に９個ずつ配ると、14 個余ります。男子、女子どちらにも６個ずつ配ると、15 個余ります。あめ玉は何個ありますか。

問題 79（不定方程式：範囲をしぼり込む）

A、B、C３種類のボールペンを合わせて 50 本買います。１本の値段はA、B、Cそれぞれ 120 円、150 円、250 円で、AとBのボールペンの本数の比は１：２です。合計金額を 10000 円以下にするとき、Cは最大で何本買うことができますか。

問題 80（仕事算：条件によって仕事量が変わる）

太郎君と次郎君は仲が良く、一緒に仕事をするとおしゃべりをしてしまうので、２人が別々に作業するときに比べて、できる仕事の量がそれぞれ 80％になります。太郎君と次郎君が２人で一緒にすれば 10 日間で終わる予定だった仕事を、別々にすることになったので、まず太郎君が 10 日間働き、その後次郎君が５日間働いて終わらせました。同じ時間働くとき、太郎君は次郎君の何倍の仕事をしますか。

解説・解答編

問題１（和差算：基本）

Ａ君はＢ君より 50 円多く持っていて、２人の合計は 250 円です。

Ａ君が持っているお金は何円ですか。

Ａ君が持っているお金を①円、

Ｂ君が持っているお金を [1] 円とします。

Ａ君はＢ君より 50 円多く持っているので、

①＝ [1] ＋50・・・ア

２人の合計は 250 円なので、

①＋ [1] ＝250・・・イ

ア、イより、

[1] ＋50＋ [1] ＝250

→ [2] ＋50＝250 → [2] ＝200 → [1] ＝100

→ ①＝100＋50＝150

よって、Ａ君が持っているお金は 150 円となります。

※１種類の比（○数字のみ）を使って解くこともできます。

Ａ君が持っているお金を①円とおいた場合

Ａ君が持っているお金を①円とおくと、
Ｂ君が持っているお金は①－50（円）と表せます。
２人の合計は 250 円なので、
①＋①－50＝250 → ②＝300 → ①＝150
よって、Ａ君が持っているお金は 150（円）

Ｂ君が持っているお金を①円とおいた場合

Ｂ君が持っているお金を①円とおくと、
Ａ君が持っているお金は①＋50（円）と表せます。
２人の合計は 250 円なので、
①＋50＋①＝250 → ②＝200 → ①＝100
よって、Ａ君が持っているお金は 100＋50＝150（円）

※線分図を使って解くこともできます。

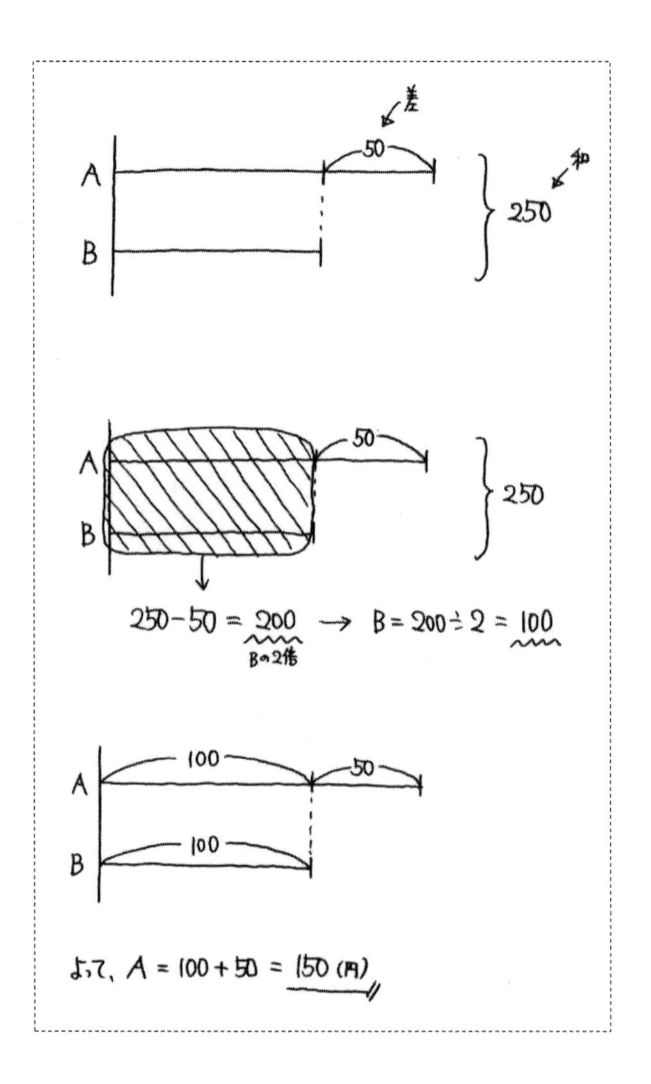

問題２（和差算：３つの数量の和差算）
Ａ君はＢ君より 40 円多く、Ｂ君はＣ君より 20 円多く持っていて、
３人の合計は 440 円です。Ａ君が持っているお金は何円ですか。

Ｃ君が持っているお金を①円とおくと、
Ｂ君が持っているお金は ①＋20（円）
Ａ君が持っているお金は ①＋20＋40＝①＋60（円）
と表せます。

３人の合計金額は 440 円なので、
①＋60＋①＋20＋①＝440
→ ③＋80＝440 → ③＝360→ ①＝120

よって、Ａ君が持っているお金は 120＋60＝180（円）です。

※Ａ君が持っているお金を①円とおいて解くこともできます。

Ａ君が持っているお金を①円とおくと、

Ｂ君が持っているお金は①－40（円）

Ｃ君が持っているお金は①－40－20＝①－60（円）

と表せます。

３人の合計金額は 440 円なので、

①＋①－40＋①－60＝440

→ ③－100＝440 → ③＝540 → ①＝180

よって、Ａ君が持っているお金は 180 円

※線分図を使って解くこともできます。

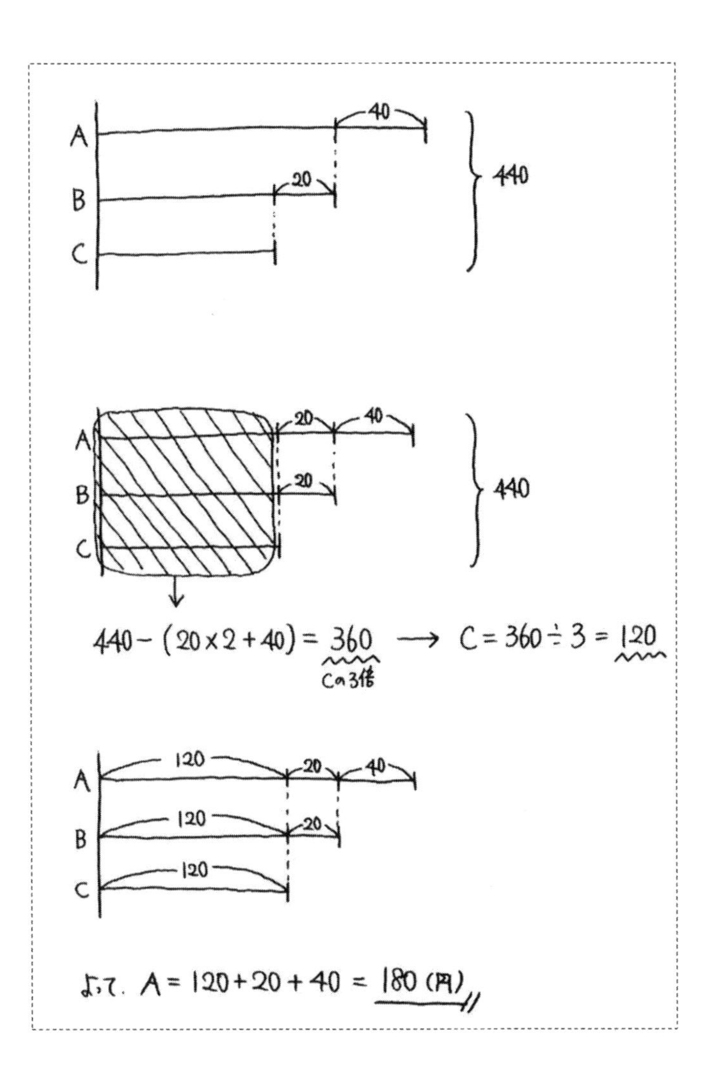

問題３（分配算：基本）

20 個のあめを、Ａ君がＢ君の３倍になるように分けました。Ａ君は何個もらいましたか。

Ｂ君がもらった個数を①個とおくと、

Ａ君がもらった個数は③個と表せます。

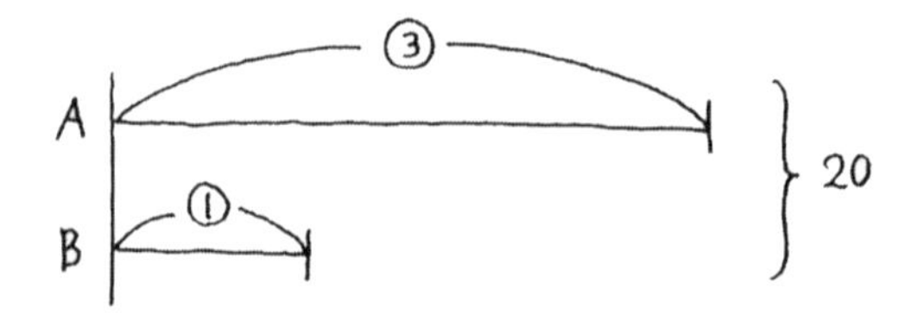

２人の合計個数は 20 個なので、

③＋①＝20 → ④＝20 → ①＝5

よって、Ａ君がもらった個数は ５×３＝15（個）となります。

※A 君がもらった個数を①個とおいて解くこともできます。

A君がもらった個数を①個とおくと、

B君がもらった個数はA君の $\frac{1}{3}$ 倍なので、

$\left(\frac{1}{3}\right)$（個）と表せます。

２人の合計個数は 20 個なので、

①＋$\left(\frac{1}{3}\right)$＝20 → $\left(\frac{4}{3}\right)$＝20 → ①＝20÷$\frac{4}{3}$＝15

よって、A君がもらった個数は 15 個

問題４（分配算：倍数と差の問題）
25 個のあめを、Ａ君がＢ君の２倍より４個多くなるように分けました。Ａ君は何個もらいましたか。

Ｂ君がもらった個数を①個とすると、
Ａ君がもらった個数は②＋４（個）と表せます。

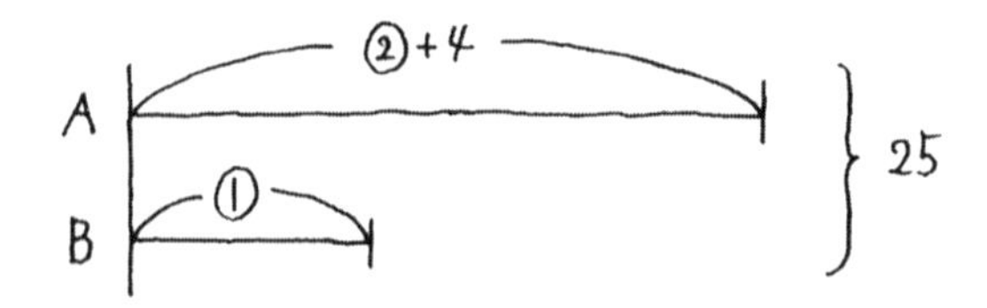

２人の合計個数は 25 個なので、
②＋４＋①＝25 → ③＋４＝25 → ③＝21 → ①＝7

よって、Ａ君がもらった個数は
7×2＋4＝18（個）となります。

※線分図を使って解くこともできます。

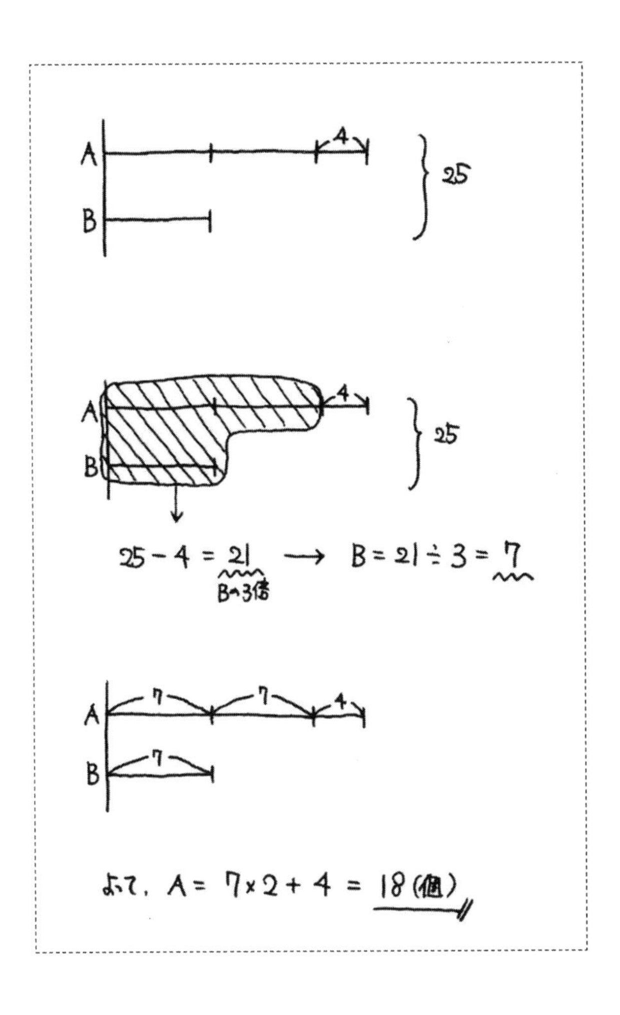

問題５（つるかめ算：基本）

50 円切手と 80 円切手を合計 10 枚買うと、代金は 620 円でした。

80 円切手は何枚買いましたか。

50 円切手を①枚、80 円切手を 1 枚とおきます。

合計枚数は 10 枚なので、①＋ 1 ＝10・・・ア

合計金額は 620 円なので、

50×①＋80× 1 ＝620 →㊿＋ 80 ＝620・・・イ

アを 50 倍すると、㊿ ＋ 50 ＝500・・・ウ

イからウを引くと、 30 ＝120 → 1 ＝4

よって、80 円切手の枚数は4枚となります。

※80 円切手を①枚とおいて解くこともできます。

80 円切手を①枚とおくと、

50 円切手は 10－①（枚）と表せます。

合計金額は 620 円なので、

50×（10－①）＋80×①＝620

→ 500－㊿＋⑧⓪＝620

→ 500＋㉚＝620 → ㉚＝120 → ①＝4

よって、80 円切手の枚数は<u>4枚</u>

※面積図を使って解くこともできます。

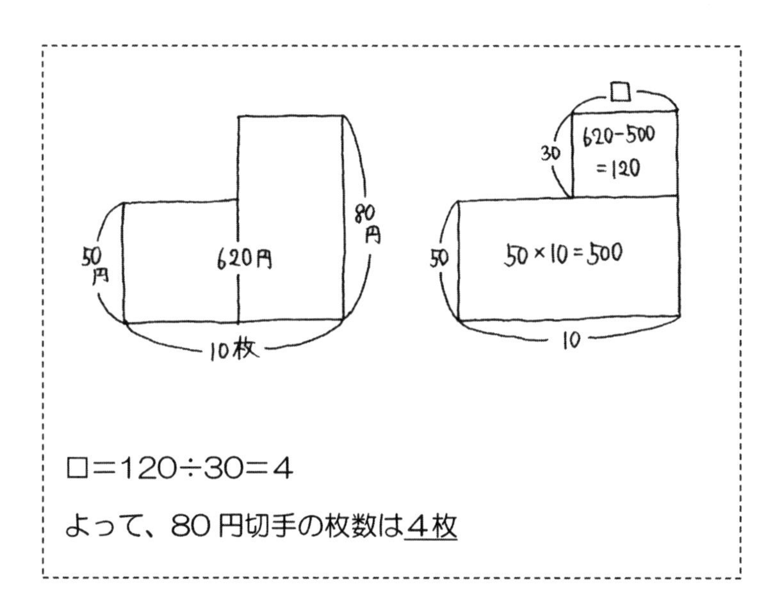

□＝120÷30＝4

よって、80 円切手の枚数は<u>4枚</u>

問題６（つるかめ算：減点の問題）

問題数が 10 問のテストを行います。正解すると１問につき５点もらえ、間違えると３点引かれます。得点が 26 点のとき、正解した問題は何問でしたか。

正解した問題数を①問、間違えた問題数を［1］問とおきます。

合計問題数は 10 問なので、①＋［1］＝10・・・ア

得点は 26 点なので、５×①－３×［1］＝26

→ ⑤－［3］＝26・・・イ

アを３倍すると、③＋［3］＝30・・・ウ

イとウを加えると、⑧＝56 → ①＝7

よって、正解した問題は7問となります。

※つるかめ算として解くこともできます。

10問すべてに正解したとすると、得点は5×10=50（点）

正解していた1問が不正解になると、もらえるはずの5点がもらえなくなるだけでなく、そこから3点引かれるので、5+3=8（点）下がります。

実際は50−26=24（点）低いので、間違えた問題は24÷8=3（問）

よって、正解した問題は10−3=7（問）

※表を使って解くこともできます。

10問すべてに正解すると、得点は5×10=50（点）

9問正解（1問間違い）すると、得点は5×9−3×1=42（点）

つまり、1問正解が減る（間違いが増える）と、

得点は50−42=8（点）減ることがわかります。

正解した問題数	10	9	・・・	
間違えた問題数	0	1	・・・	☆
得点	50	42	・・・	26

実際の得点は26点なので、☆=（50−26）÷8=3

よって、正解した問題は10−3=7（問）

問題７（差集め算：基本）

80 円切手を何枚か買う予定でお金を持って行きましたが、実際は 50 円切手を買ったので、買えた枚数は予定より６枚多くなり、おつりはありませんでした。持っていたお金は何円でしたか。

80 円切手を買う予定だった枚数を①枚とおくと、
持っていたお金は 80×①＝(80)（円）と表せます。

実際は 50 円切手を①＋６枚買ったので、
支払った金額は 50 ×（①＋６）＝(50) ＋300（円）

持っていたお金と支払った金額は等しいので、
(80)＝(50) ＋300 →(30) ＝300 → ①＝10

よって、持っていたお金は 80×10＝800（円）となります。

※差集め算として解くこともできます。

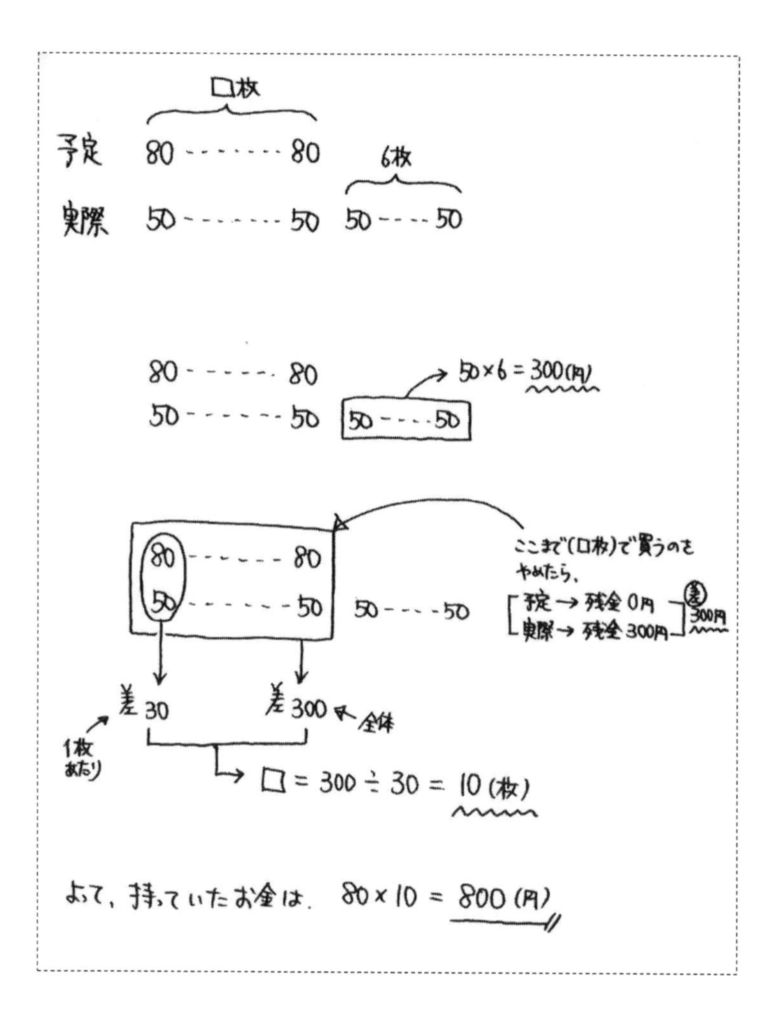

問題８（過不足算：余りと余り）

あめを１人に２個ずつ配ると 26 個余り、４個ずつ配ると２個余ります。あめは何個ありますか。

あめを配る人数を①人とおきます。

２個ずつ配ると 26 個余るので、

あめの個数は２×①＋26＝②＋26（個）・・・ア

４個ずつ配ると２個余るので、

あめの個数は４×①＋２＝④＋２（個）・・・イ

アとイは等しいので、

②＋26＝④＋２ → ②＝24 → ①＝12

よって、あめの個数は 12×２＋26＝50（個）となります。

※過不足算として解くこともできます。

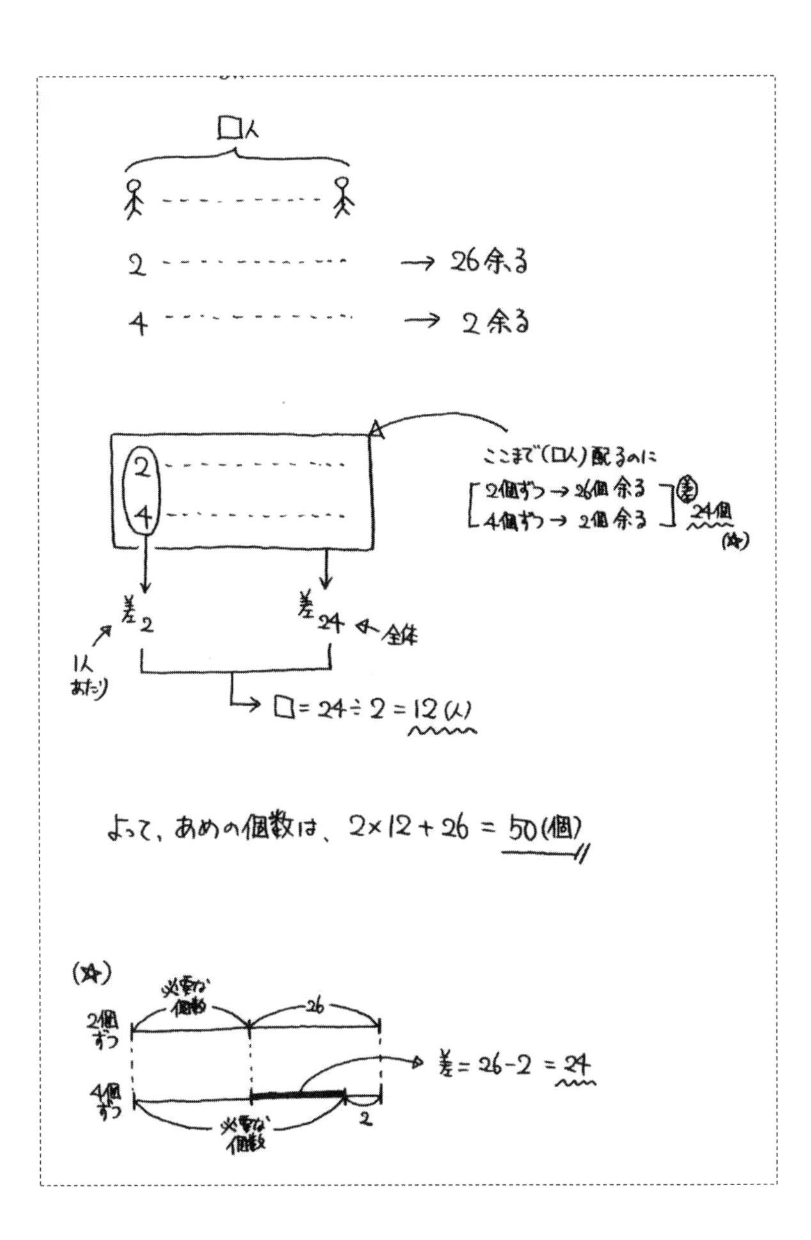

問題９（過不足算：不足と不足）
あめを１人に５個ずつ配ると 40 個不足し、３個ずつ配ると８個不足します。あめは何個ありますか。

あめを配る人数を①人とおきます。

５個ずつ配ると 40 個不足するので、
あめの個数は５×①－40＝⑤－40（個）・・・ア

３個ずつ配ると８個不足するので、
あめの個数は３×①－８＝③－８（個）・・・イ

アとイは等しいので、
⑤－40＝③－８ → ②＝32 → ①＝16

よって、あめの個数は 16×５－40＝40（個）となります。

※過不足算として解くこともできます。

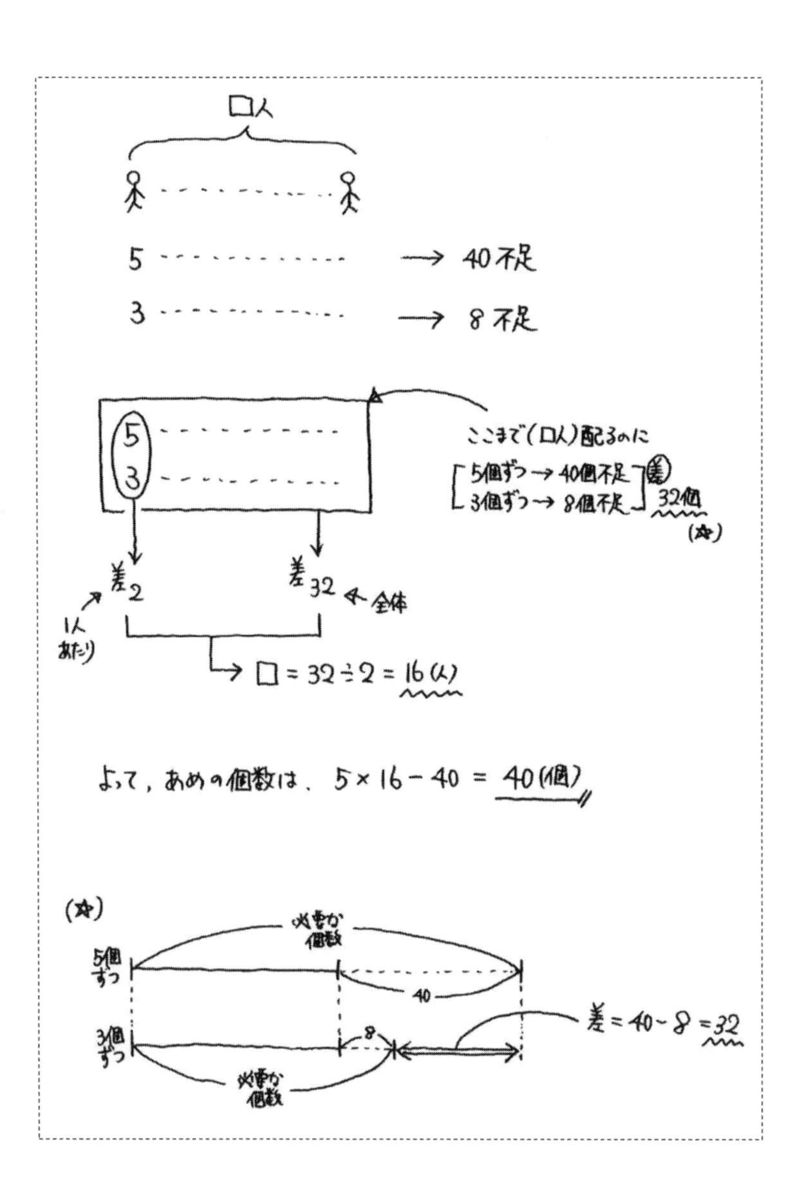

問題 10（過不足算：余りと不足）
あめを１人に２個ずつ配ると 10 個余り、３個ずつ配ると 15 個不足します。あめは何個ありますか。

あめを配る人数を①人とおきます。

２個ずつ配ると 10 個余るので、
あめの個数は２×①＋10＝②＋10（個）・・・ア

３個ずつ配ると 15 個不足するので、
あめの個数は３×①－15＝③－15（個）・・・イ

アとイは等しいので、
②＋10＝③－15 → ①＝25

よって、あめの個数は 25×２＋10＝60（個）となります。

※過不足算として解くこともできます。

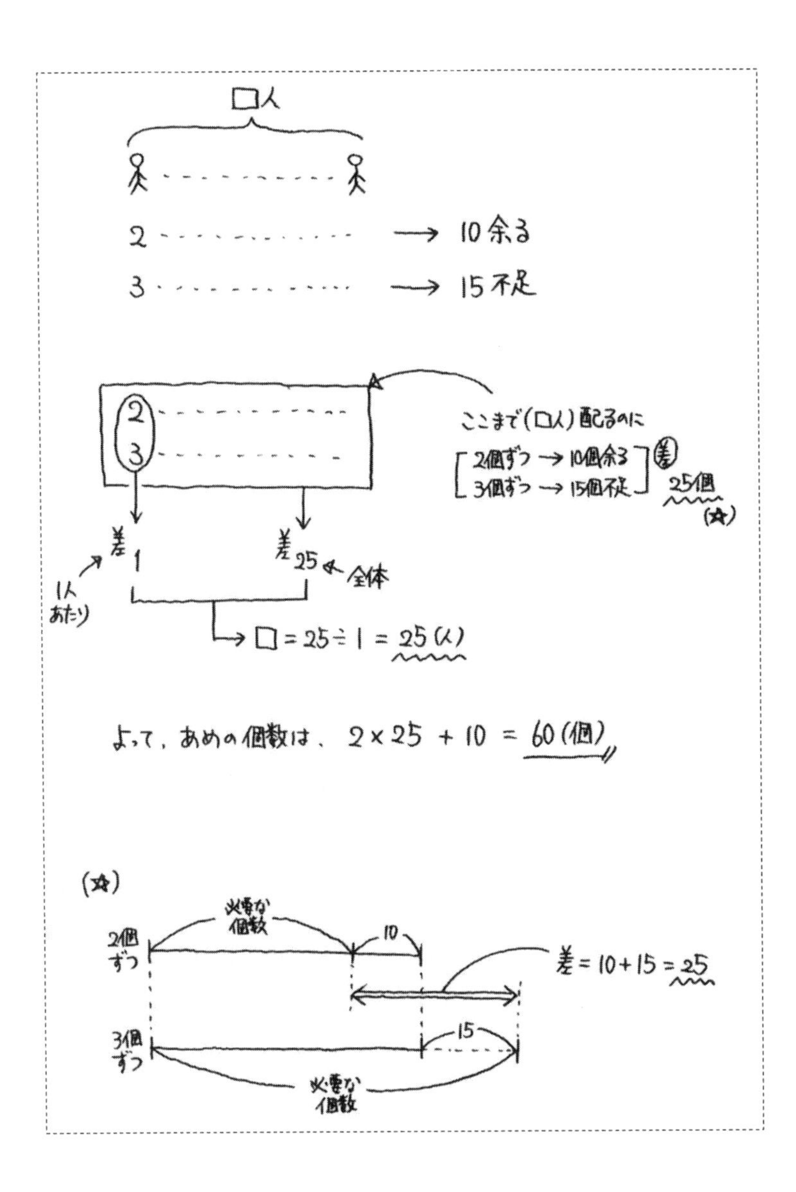

問題 11（過不足算：長いすの問題）
生徒が長いすに座るのに、１脚につき４人ずつ座ると 14 人が座れなくなります。また、１脚につき６人ずつ座ると、１脚だけ２人で座り、１脚余ってしまいます。生徒の人数は何人ですか。

長いすの数を①脚とおきます。

１脚につき４人ずつ座ると 14 人が座れないので、
生徒の人数は４×①＋14＝④＋14（人）・・・ア

１脚につき６人ずつ座ると、１脚だけ２人で座り（空席をなくすには４人不足）、１脚余る（空席をなくすには６人不足）ので、
生徒の人数は６×①－（４＋６）＝⑥－10（人）・・・イ

アとイは等しいので、
④＋14＝⑥－10 → ②＝24 → ①＝12

よって、生徒の人数は 12×４＋14＝62（人）となります。

※過不足算として解くこともできます。

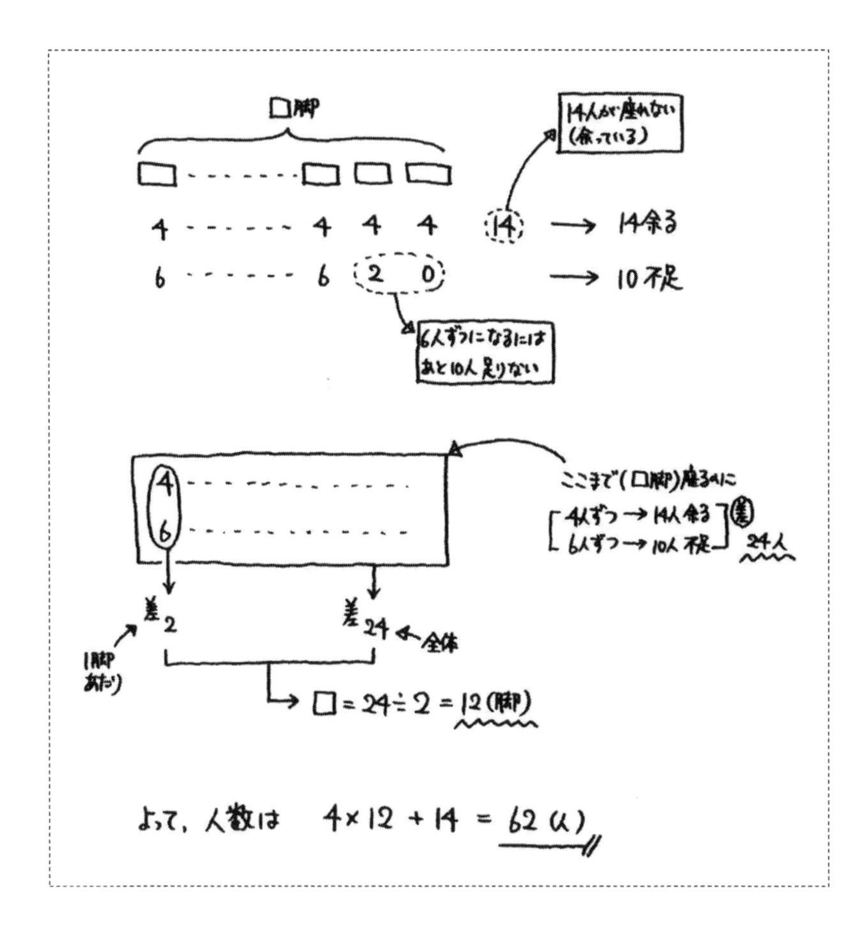

問題 12（平均算：平均点を求める）
A組の人数は 20 人、B組の人数は 30 人です。テストを行ったところ、A組の平均点は 70 点、A組とB組を合わせた平均点は 64 点でした。B組の平均点は何点でしたか。

B組の平均点を①点とおきます。

A組の合計点は 70×20＝1400（点）
B組の合計点は①×30＝㉚（点）
全体の合計点は 64×（20＋30）＝3200（点）

1400＋㉚＝3200 → ㉚＝1800 → ①＝60

よって、B 組の平均点は 60（点）となります。

※面積図を使って解くこともできます。

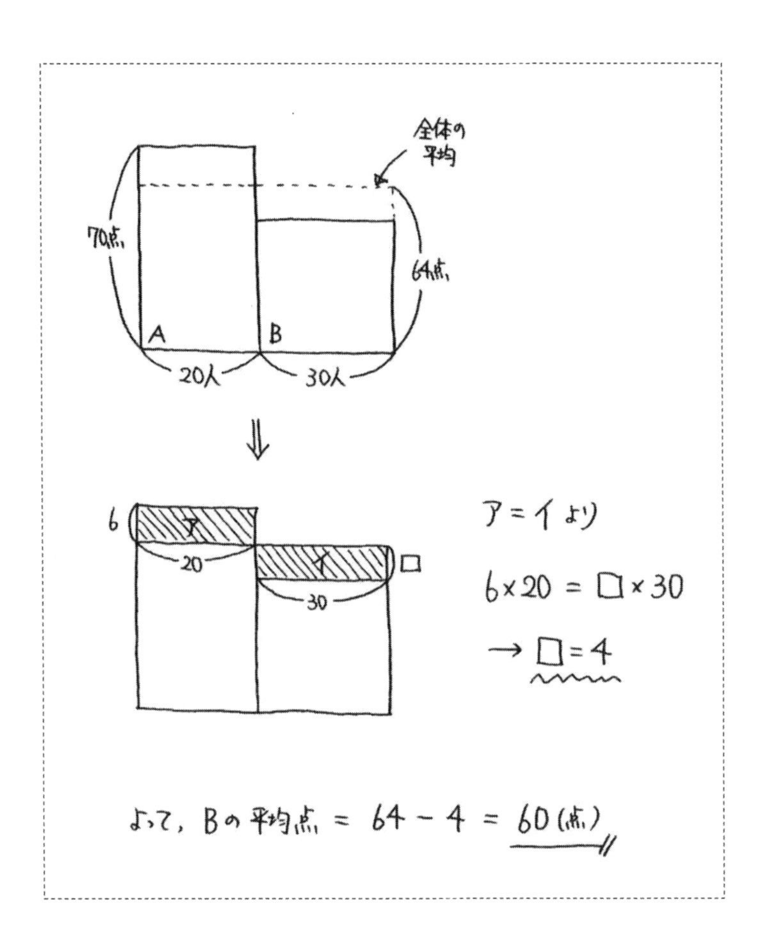

問題 13（平均算：テストの回数）

今までに何回かテストを受けて、平均点は 76 点でした。今回のテストで 100 点を取れば、今回までの平均点は 80 点になります。今回のテストは何回目ですか。

今までのテスト回数を①回とおきます。

今までの合計点は 76×①＝(76)（点）

今回までの合計点は 80×（①＋1）＝(80)＋80（点）

(76)＋100＝(80)＋80 → ④＝20 → ①＝5

よって、今回のテストは5＋1＝6（回目）となります。

※面積図を使って解くこともできます。

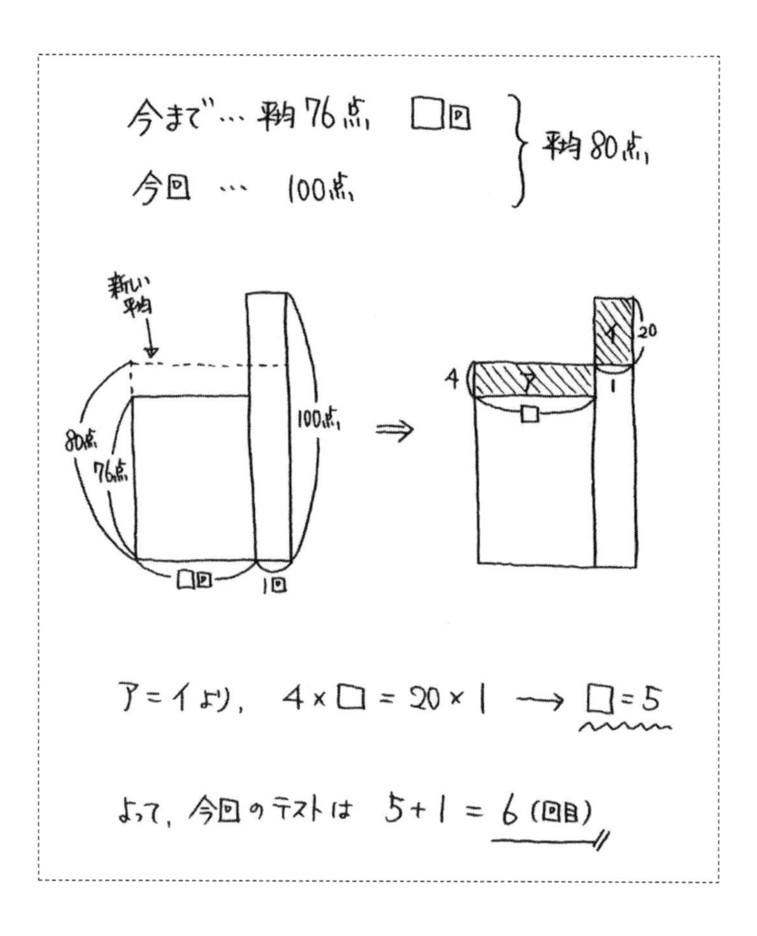

問題 14（消去算：基本）
ノート２冊と消しゴム３個を買うと 540 円、ノート５冊と消しゴム４個を買うと 1000 円になります。消しゴム１個の値段は何円ですか。

ノート１冊の値段を①円、消しゴム１個の値段を $\boxed{1}$ 円とおきます。

ノート２冊と消しゴム３個を買うと 540 円なので、
①×２＋$\boxed{1}$×３＝540→②＋$\boxed{3}$＝540・・・ア

ノート５冊と消しゴム４個を買うと 1000 円なので、
①×５＋$\boxed{1}$×４＝1000→⑤＋$\boxed{4}$＝1000・・・イ

アを５倍すると、⑩＋$\boxed{15}$＝2700・・・ウ
イを２倍すると、⑩＋$\boxed{8}$＝2000・・・エ
ウからエを引くと、$\boxed{7}$＝700 → $\boxed{1}$＝100

よって、消しゴム１個の値段は <u>100（円）</u>となります。

問題 15（消去算：代入して求める①）

ノート３冊と消しゴム２個を買うと 390 円になります。また、ノート１冊の値段は、消しゴム１個の値段より 30 円高いです。ノート１冊の値段は何円ですか。

消しゴム１個の値段を①円とおくと、

ノート１冊の値段は①＋30（円）と表せます。

ノート３冊と消しゴム２個を買うと 390 円なので、

（①＋30）×３＋①×２＝390

これを整理すると、

③＋90＋②＝390 → ⑤＝300 → ①＝60

よって、ノート１冊の値段は 60＋30＝90（円）となります。

問題 16（消去算：代入して求める②）

ノート２冊と消しゴム５個を買うと 550 円になります。また、ノート１冊の値段は、消しゴム３個の値段と同じです。ノート１冊の値段は何円ですか。

消しゴム１個の値段を①円とおくと、

ノート１冊の値段は①×３＝③（円）と表せます。

ノート２冊と消しゴム５個を買うと 550 円なので、

③×２＋①×５＝550

これを整理すると、

⑥＋⑤＝550 → ⑪＝550 → ①＝50

よって、ノート１冊の値段は 50×３＝150（円）となります。

問題 17（相当算：基本）

ある本の全体の 5 分の 3 を読んだところ、残りは 60 ページでした。本全体は何ページありますか。

本全体のページ数を⑤ページとおくと、

読んだページ数は⑤× $\frac{3}{5}$ ＝③（ページ）と表せます。

残りは 60 ページなので、

⑤−③＝60 → ②＝60 → ①＝30

よって、本全体のページ数は 30×５＝150（ページ）となります。

問題18（相当算：残りの量と全体の量）
ある本を、１日目は全体の５分の２を読み、２日目は残りの３分の１を読んだところ、残りは80ページでした。本全体は何ページありますか。

本全体のページ数を⑤ページとおくと、

１日目の残りは⑤×（$1-\frac{2}{5}$）＝③（ページ）

２日目の残りは③×（$1-\frac{1}{3}$）＝②（ページ）と表せます。

２日目の残りは80ページなので、②＝80 → ①＝40

よって、本全体のページ数は40×５＝200（ページ）となります。

問題 19（倍数算：和が一定）

Ａ君とＢ君の持っているお金の比は２：１ですが、Ａ君がＢ君に400 円をあげると２：３になります。Ａ君の持っているお金は何円ですか。

Ａ君の持っているお金を②円、

Ｂ君の持っているお金を①円とおきます。

Ａ君がＢ君に 400 円をあげると２：３になるので、

（②－400）:（①＋400）＝２：３

比例式の性質（外側どうしの積＝内側どうしの積）より、

（②－400）×３＝（①＋400）×２

これを整理すると、

⑥－1200＝②＋800 → ④＝2000 → ①＝500

よって、Ａ君の持っているお金は

500×２＝1000（円）となります。

※やり取りの前後で２人の持っているお金の和が変わらない（和が一定）

ことに注目して、次のように解くこともできます。

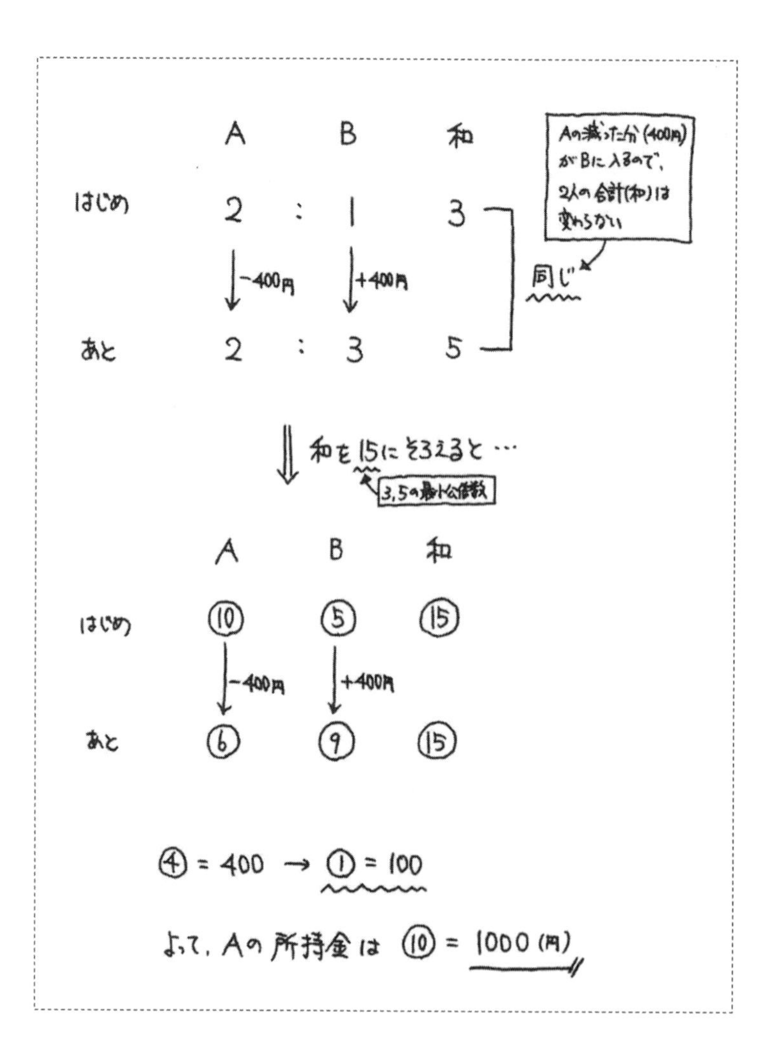

※線分図を使って解くこともできます。

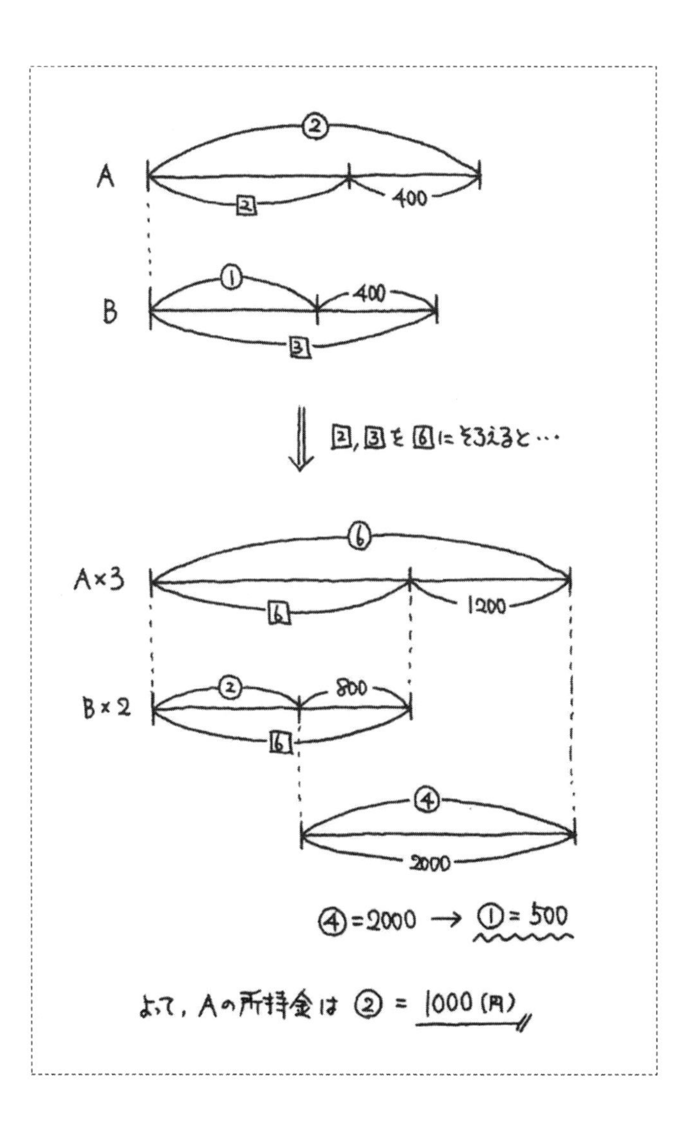

問題20（倍数算：差が一定）

Ａ君とＢ君の持っているお金の比は８：５ですが、２人とも700円ずつ使うと３：１になります。Ａ君の持っているお金は何円ですか。

Ａ君の持っているお金を⑧円、

Ｂ君の持っているお金を⑤円とおきます。

２人とも700円ずつ使うと３：１になるので、

（⑧−700）:（⑤−700）＝３：１

比例式の性質（外側どうしの積＝内側どうしの積）より、

（⑧−700）×１＝（⑤−700）×３

これを整理すると、

⑧−700＝⑮−2100 → ⑦＝1400 → ①＝200

よって、Ａ君の持っているお金は

200×８＝1600（円）となります。

※やり取りの前後で２人の持っているお金の差が変わらない（差が一定）ことに注目して、次のように解くこともできます。

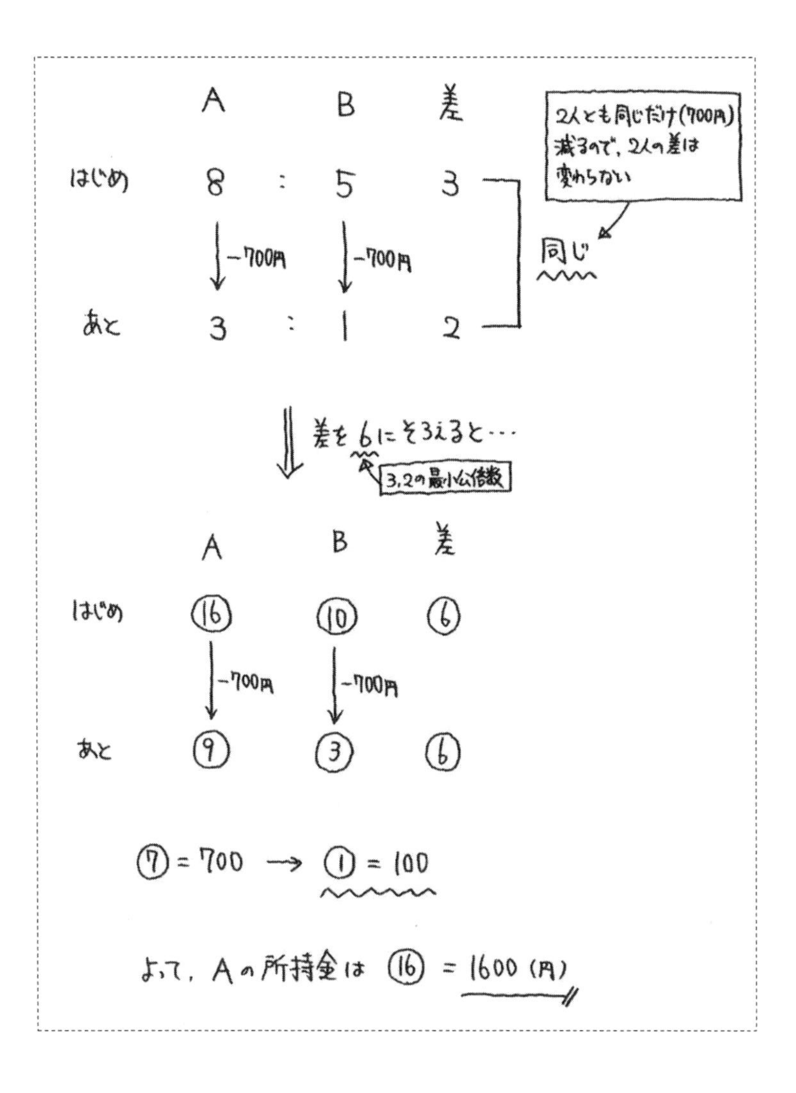

※線分図を使って解くこともできます。

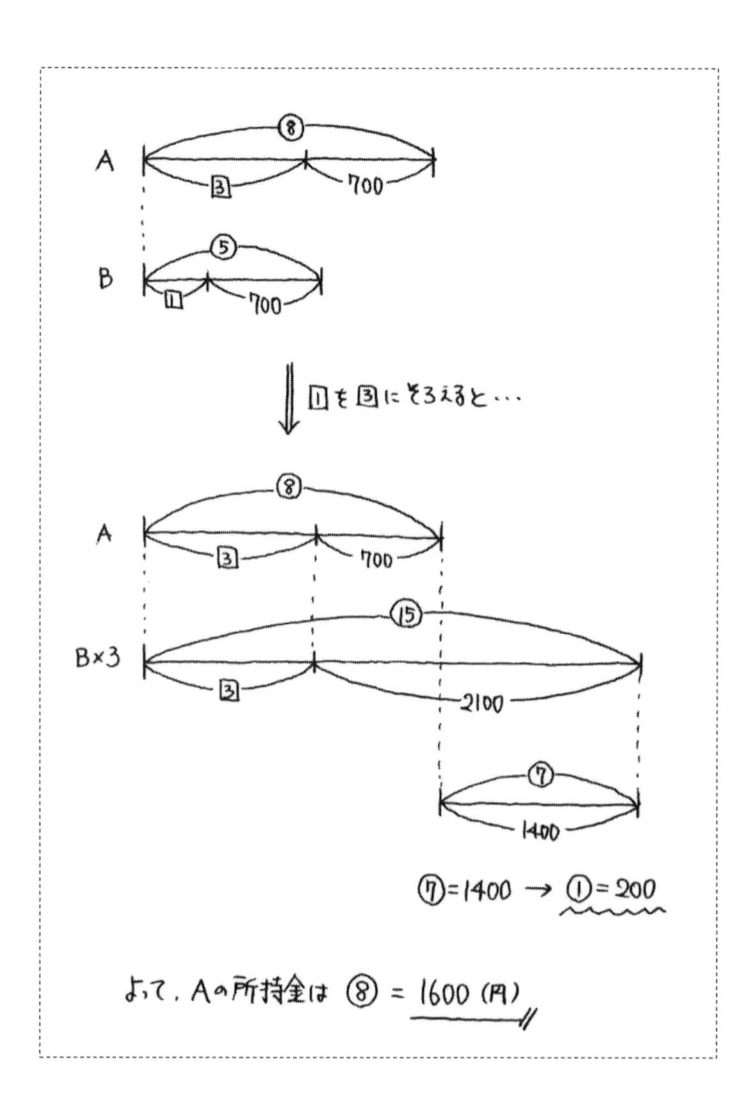

問題 21（倍数算：倍数変化算）

A君とB君の持っているお金の比は4：5ですが、A君が 400 円もらい、B君が 200 円使うと3：2になります。A君の持っているお金は何円ですか。

A君の持っているお金を④円、
B君の持っているお金を⑤円とおきます。

A君が 400 円もらい、B君が 200 円使うと3：2になるので、
（④+400）:（⑤−200）＝3：2

比例式の性質（外側どうしの積＝内側どうしの積）より、
（④+400）×2＝（⑤−200）×3

これを整理すると、
⑧+800＝⑮−600 → ⑦＝1400 → ①＝200

よって、A君の持っているお金は
200×4＝800（円）となります。

※線分図を使って解くこともできます。

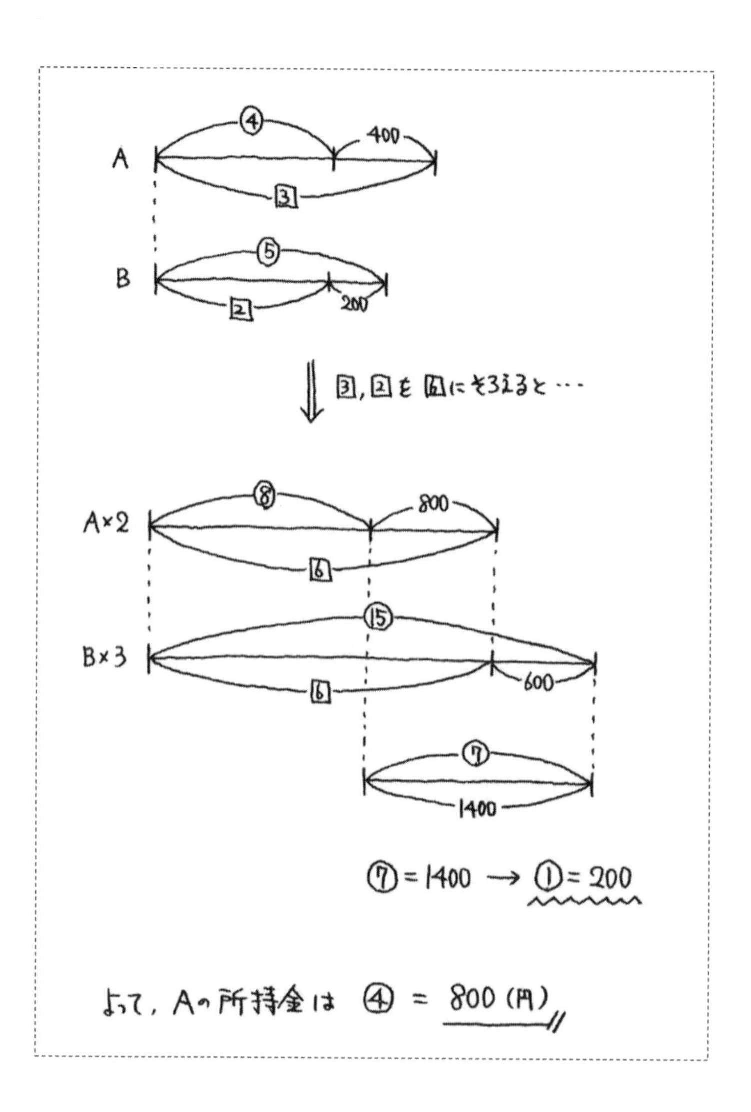

問題 22（年令算：基本①）
現在、母は 40 才、子供は 10 才です。母の年令が子供の年令の 3 倍になるのは、何年後ですか。

母の年令が子供の年令の３倍になるのが
①年後とします。

①年後の母の年令は 40＋①（才）、
子供の年令は 10＋①（才）と表せるので、
40＋①＝（10＋①）×3

これを整理すると、
40＋①＝30＋③ → ②＝10 → ①＝5

よって、母の年令が子供の年令の３倍になるのは
<u>5年後</u>となります。

※２人の年令の差が変わらない（差が一定）ことに注目して、

次のように解くこともできます。

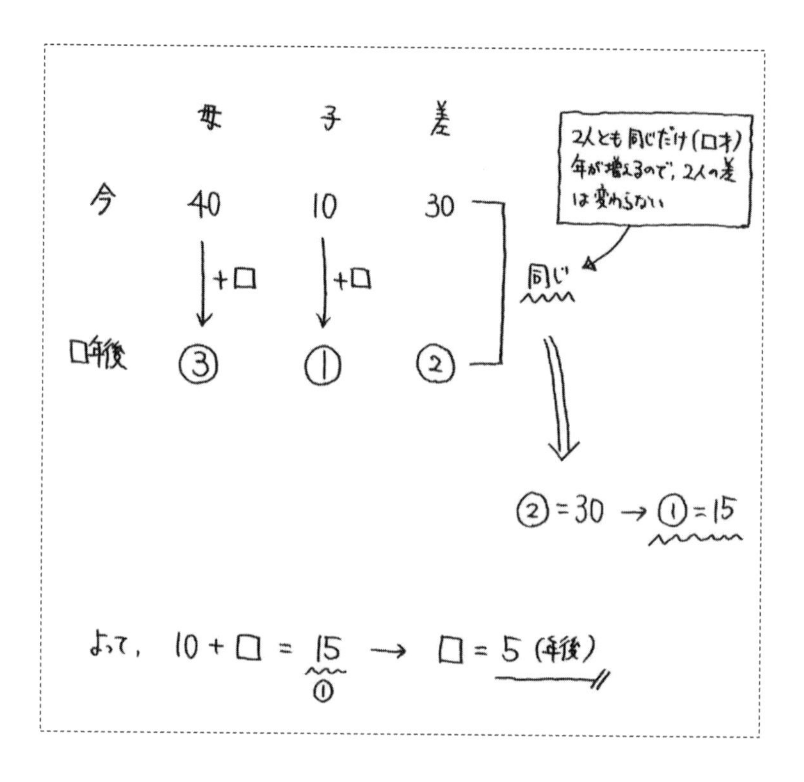

※線分図を使って解くこともできます。

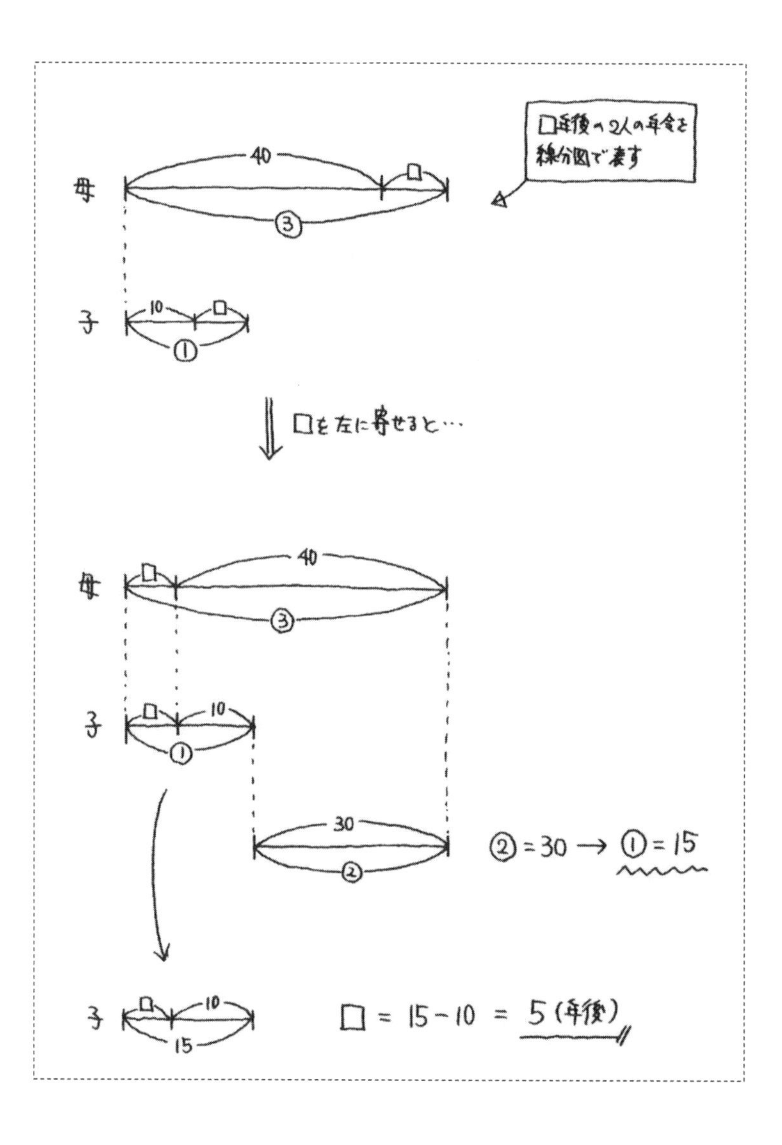

問題23（年令算：基本②）

現在、母は40才、子供は10才です。母の年令が子供の年令の6倍だったのは、何年前ですか。

母の年令が子供の年令の6倍だったのが
①年前とします。

①年前の母の年令は40−①（才）、
子供の年令は10−①（才）と表せるので、
40−①＝（10−①）×6

これを整理すると、
40−①=60−⑥ → ⑤=20 → ①＝4

よって、母の年令が子供の年令の6倍だったのは
4年前となります。

※２人の年令の差が変わらない（差が一定）ことに注目して、

次のように解くこともできます。

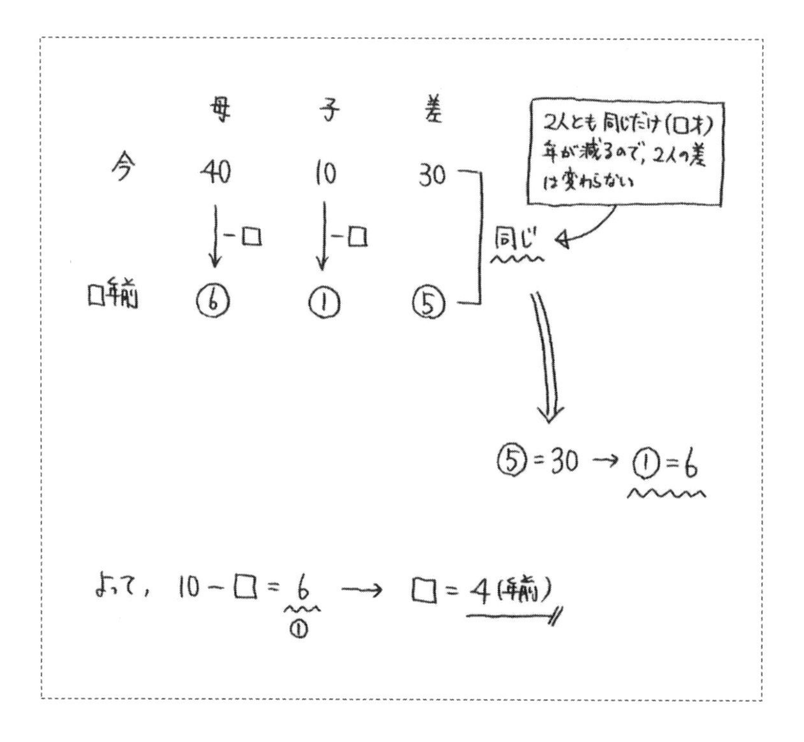

※線分図を使って解くこともできます。

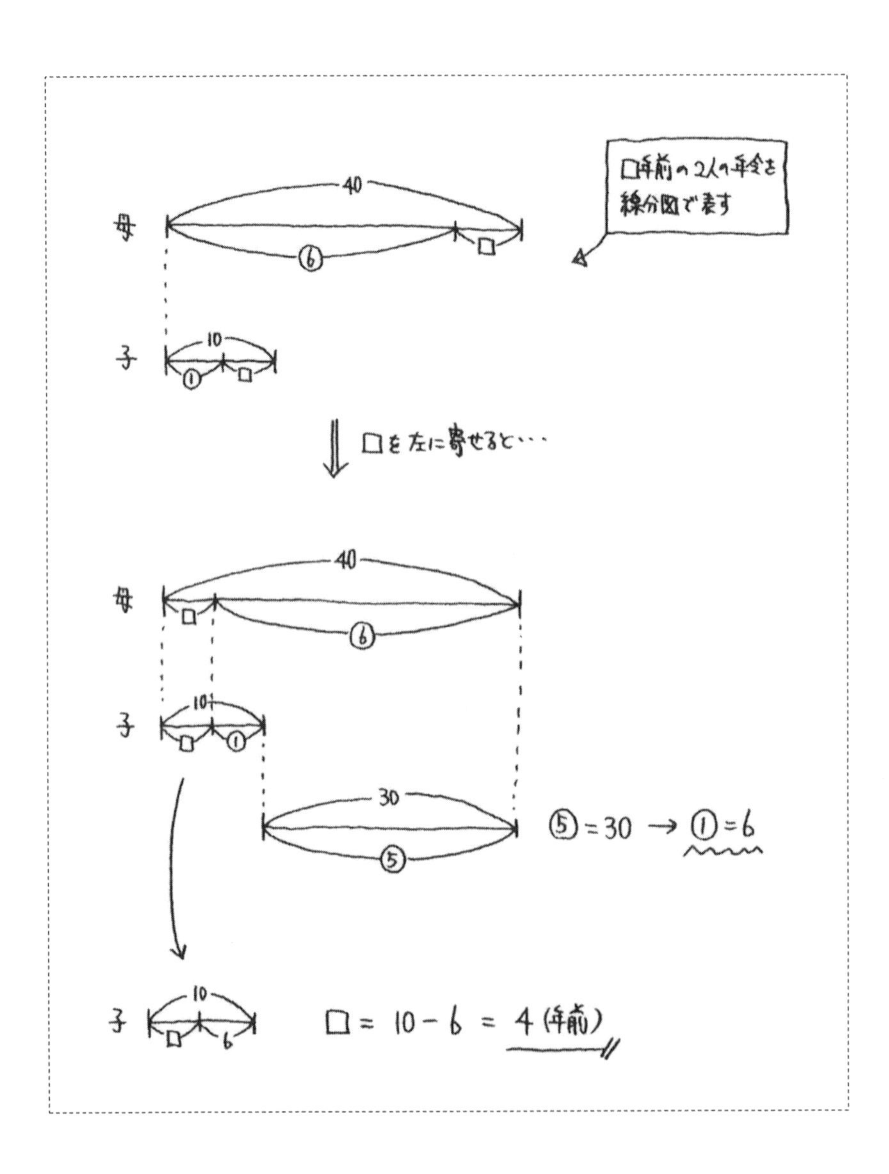

問題 24（年令算：年令の旅人算）

現在、母は 40 才、２人の子供は 12 才と 10 才です。母の年令が子供の年令の和と等しくなるのは、何年後ですか。

母の年令が子供の年令の和と等しくなるのが
①年後とします。

①年後の母の年令は 40＋①（才）、
２人の子供の年令は 12＋①（才）、10＋①（才）と表せるので、
40＋①＝12＋①＋10＋①

これを整理すると、
40＋①＝22＋② → ①＝18

よって、母の年令が子供の年令の和と等しくなるのは
18 年後となります。

問題 25（仕事算：１人が途中で休む）

ある仕事をするのに、Ａは 10 日、Ｂは 15 日かかります。この仕事をＡとＢが一緒に始めましたが、途中でＢが何日か休んだため、仕事が終わるのに８日かかりました。Ｂは何日休みましたか。

全体の仕事量を３０（注）とすると、

Ａの１日の仕事量は３０÷１０＝３

Ｂの１日の仕事量は３０÷１５＝２

Ｂが休んだ日数を①日とすると、

Ａが行った仕事量は３×８＝２４

Ｂが行った仕事量は２×（８－①）＝１６－②

２人合計の仕事量は３０なので、

２４＋１６－②＝３０ → ４０－②＝３０ → ②＝１０ → ①＝５

よって、Ｂが休んだ日数は<u>５日</u>となります。

（注）日数（１０、１５）の最小公倍数

※全体の仕事量を１として、次のように解くこともできます。

全体の仕事量 $= 1$

Aの1日の仕事量 $= \frac{1}{10}$，Bの1日の仕事量 $= \frac{1}{15}$

A |――――8日――――|

B |――|- - - - - -|――|

Aが行った仕事量 $= \frac{1}{10} \times 8 = \frac{4}{5}$

→ Bが行った仕事量 $= 1 - \frac{4}{5} = \frac{1}{5}$

→ Bが仕事をした日数 $= \frac{1}{5} \div \frac{1}{15} = 3$（日）

よって，Bが休んだ日数 $= 8 - 3 = 5$（日）

問題 26（仕事算：仕事のつるかめ算）

ある仕事をするのに、Aは 10 日、Bは 15 日かかります。この仕事を最初はAが行い、残りをBが行ったところ、13 日かかりました。Aは何日仕事をしましたか。

全体の仕事量を 30 とすると、

Ａの１日の仕事量は 30÷10＝３

Ｂの１日の仕事量は 30÷15＝２

Ａが仕事をした日数を①日、

Ｂが仕事をした日数を［1］日とします。

合計で 13 日かかったので、①＋［1］＝13・・・ア

２人合計の仕事量は 30 なので、３×①＋２×［1］＝30

→ ③＋［2］＝30・・・イ

アを２倍すると、②＋［2］＝26・・・ウ

イからウを引くと、①＝４

よって、Ａが仕事をした日数は<u>４日</u>となります。

※面積図を使って解くこともできます。

全体の仕事量＝30 とすると,

Aの1日の仕事量＝3 , Bの1日の仕事量＝2

Ⓐ 3
Ⓑ 2
} 日数の合計＝13(日)
仕事量の合計＝30

← つるかめ算

3
2
A
B
30
13日

□
1
2
30−26＝4
2×13＝26
13

よって, □＝4÷1
＝4(日)

問題 27（ニュートン算：はじめの人数あり）
ある遊園地で、窓口が開いた時には 120 人の行列ができていました。行列は１分間に同じ人数ずつ増えます。窓口を１つ開けたところ、行列は 30 分でなくなりました。窓口を２つ開けたところ、行列は 10 分でなくなりました。窓口を３つ開けると、行列は何分でなくなりますか。

１つの窓口で１分間に入場できる人数を①人、
行列が１分間に増える人数を［1］人とします。

窓口を１つ開けると行列は 30 分でなくなるので、
120 ÷（①－［1］）＝30 → ①－［1］＝4・・・ア

窓口を２つ開けると行列は 10 分でなくなるので、
120 ÷（②－［1］）＝10 → ②－［1］＝12・・・イ

ア、イより、①＝8、［1］＝4

よって、窓口を３つ開けると、
120 ÷（③－［1］）＝120 ÷（8×3－4）＝<u>6（分）</u>
で行列はなくなります。

※線分図を使って解くこともできます。

１つの窓口で１分間に入場できる人数を①人、

行列が１分間に増える人数を[1]人とします。

窓口を１つ開けると行列は 30 分でなくなるので、

120＋[1]×30＝①×１×30 → 120＋[30]＝㉚

窓口を２つ開けると行列は 10 分でなくなるので、

120＋[1]×10＝①×２×10 → 120＋[10]＝⑳

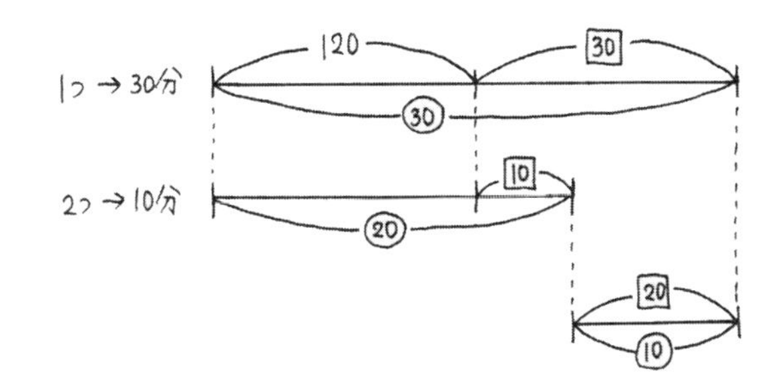

差に注目すると、[20]＝⑩ → [2]＝① → [30]＝⑮

120＋⑮＝㉚ → ⑮＝120 → ①＝8 → [1]＝4

よって、窓口を３つ開けると、

120 ÷（8×３－4）＝ 6（分）で行列はなくなります。

問題 28（ニュートン算：はじめの人数なし）
ある遊園地で、窓口が開いた時には行列ができていました。行列は１分間に同じ人数ずつ増えます。窓口を１つ開けたところ、行列は 42 分でなくなりました。窓口を２つ開けたところ、行列は 12 分でなくなりました。窓口を３つ開けると、行列は何分でなくなりますか。

窓口が開いた時に並んでいた人数をＸ人、
１つの窓口で１分間に入場できる人数を①人、
行列が１分間に増える人数を [1] 人とします。

窓口を１つ開けると行列は 42 分でなくなるので、
Ｘ ÷（①－[1]）＝42
→ Ｘ＝（①－[1]）×42 ＝(42)－[42] ・・・ア

窓口を２つ開けると行列は 12 分でなくなるので、
Ｘ ÷（②－[1]）＝12
→ Ｘ＝（②－[1]）×12 ＝(24)－[12] ・・・イ

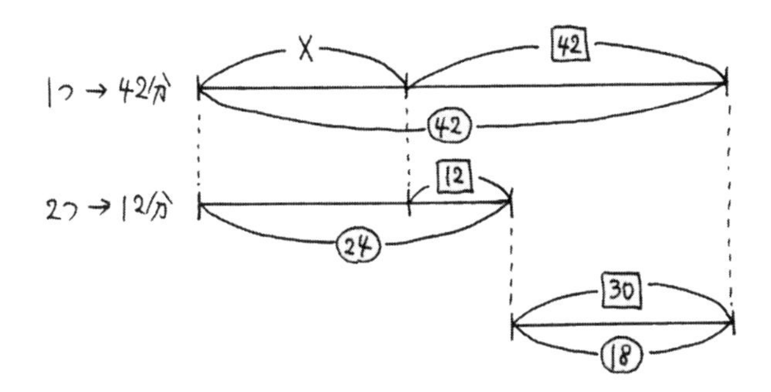

アとイは等しい（同じXを表している）ので、

(42)－[42]＝(24)－[12]　→(18)＝[30]　→(0.6)＝[1]

アより、X＝(42)－[42]＝(42)－(0.6)×42＝(16.8)

よって、窓口を３つ開けると、

(16.8)÷（③－[1]）＝(16.8)÷（③－(0.6)）＝7（分）

で行列はなくなります。

問題 29（食塩水：２種類の食塩水を混ぜる）

６％の食塩水と 30％の食塩水をまぜると、12％の食塩水が 400ｇできました。６％の食塩水は何ｇまぜましたか。

６％の食塩水を①ｇ、30％の食塩水を $\boxed{1}$ ｇとします。

６％の食塩水①ｇに含まれる食塩は、①×0.06 ＝⦅0.06⦆（ｇ）

30％の食塩水 $\boxed{1}$ ｇに含まれる食塩は、$\boxed{1}$ ×0.3 ＝ $\boxed{0.3}$（ｇ）

12％の食塩水 400ｇに含まれる食塩は、400×0.12＝48（ｇ）

食塩の重さに注目すると、⦅0.06⦆＋ $\boxed{0.3}$ ＝ 48

→ ⑥＋ $\boxed{30}$ ＝4800 → ①＋ $\boxed{5}$ ＝800・・・ア

全体の重さに注目すると、①＋ $\boxed{1}$ ＝400・・・イ

ア、イより、①＝300、$\boxed{1}$ ＝100

よって、６％の食塩水は <u>300ｇ</u>となります。

※面積図を使って解くこともできます。

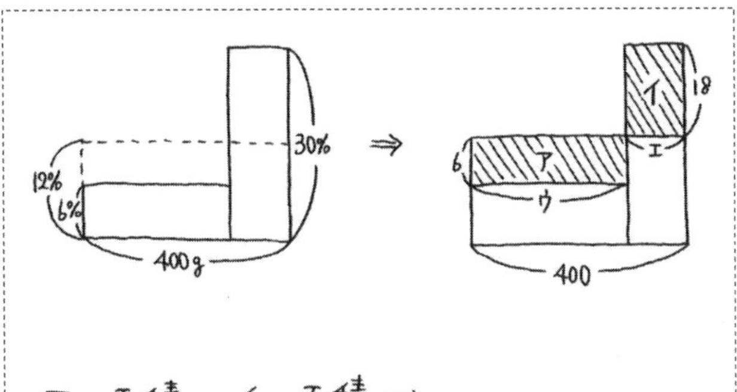

アの面積 = イの面積より

ウ：エ = 18：6 = 3：1

→ ウ = 400 × $\frac{3}{3+1}$ = 300（g）

※天びん図を使って解くこともできます。

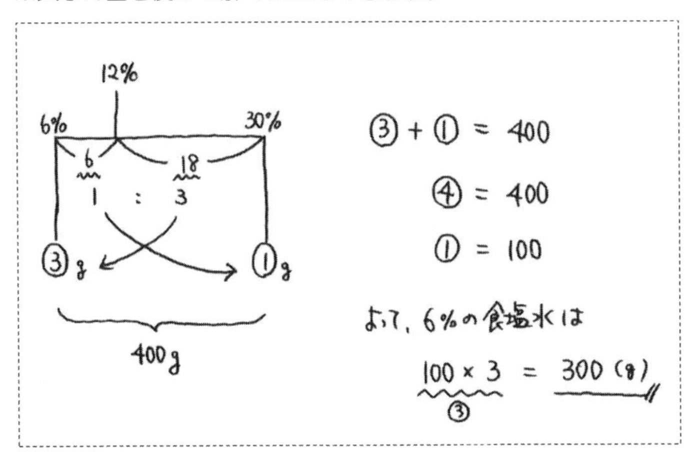

問題 30（損益算：利益から原価を求める）

ある品物の原価に４割の利益を見込んで定価をつけましたが、売れなかったので、定価の２割引きで売ったところ、利益は 54 円になりました。原価は何円ですか。

原価を①円とします。

定価は ①×（１＋0.4）＝(1.4)（円）

定価の２割引きの値段は (1.4)×（１－0.2）＝(1.12)（円）

利益は (1.12)－①＝(0.12)（円）

利益は 54 円なので、

(0.12)＝54 → ①＝54÷0.12＝450

よって、原価は 450 円となります。

問題 31（損益算：個数と全体の利益）

原価 100 円の品物を 100 個仕入れ、5 割の利益を見込んで定価をつけましたが、こわれて売れない商品が何個かあり、全体の利益は 2000 円でした。こわれて売れなかった商品は何個ですか。

売れた商品の個数を①個とします。

仕入れにかかった費用は 100×100＝10000（円）

売上は 100×（1＋0.5）×①＝(150)（円）

全体の利益は 2000 円なので、

(150)－10000＝2000 → (150)＝12000 → ①＝80

よって、こわれて売れなかった商品の個数は

100－80＝<u>20（個）</u>です。

問題 32（割合と比：ボールを落とす）

落とすと 80%の高さだけはね返るボールがあります。このボールをある高さから落としたところ、２回目にはね返った高さは 96cm でした。落とした高さは何 cm ですか。

落とした高さを①cm とします。

１回目にはね返った高さは ①×0.8＝(0.8)(cm)
２回目にはね返った高さは (0.8)×0.8＝(0.64)(cm)

２回目にはね返った高さは 96cm なので、
(0.64)＝96 → ①＝96÷0.64＝150

よって、落とした高さは 150 cm です。

※２回目からさかのぼって解くこともできます。

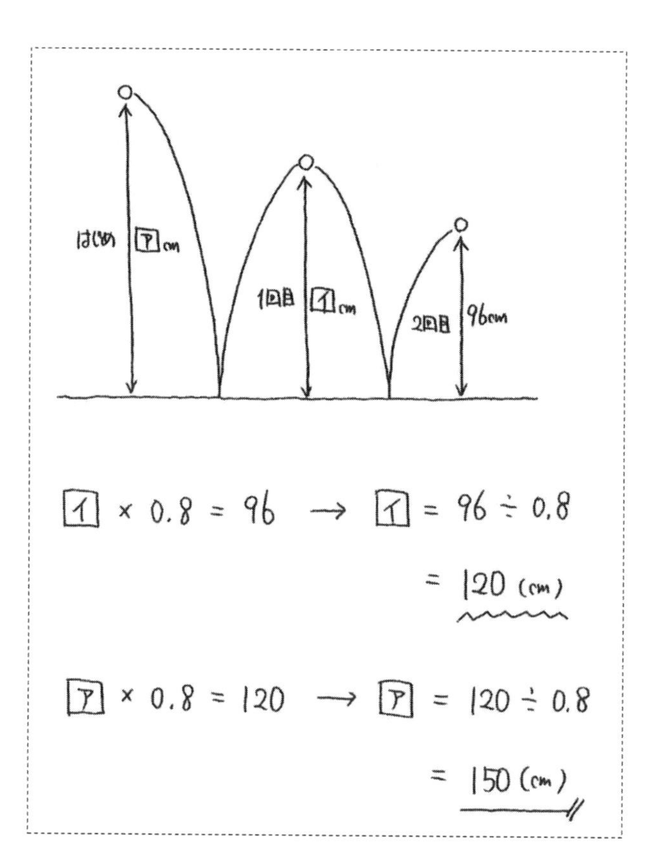

問題 33（割合と比：池に棒を立てる）

池に棒A、Bを立てたところ、Aは３分の２、Bは５分の３が水面の上に出ていました。棒A、Bの長さの差は 30cm です。池の深さは何 cm ですか。

Aの長さを③cm、Bの長さを $\boxed{5}$ cm とします。

Aは３分の１が水面下にあるので、池の深さは③×$\frac{1}{3}$＝①（cm）

Bは５分の２が水面下にあるので、池の深さは $\boxed{5}$×$\frac{2}{5}$＝$\boxed{2}$（cm）

→①＝$\boxed{2}$ ・・・ア

A、Bの長さの差は 30cm なので、③－$\boxed{5}$＝30 ・・・イ

アを３倍すると、③＝$\boxed{6}$ ・・・ウ

イ、ウより、$\boxed{6}$－$\boxed{5}$＝30 →$\boxed{1}$＝30

よって、池の深さは $\boxed{2}$ ＝30×２＝60（cm）です。

※比をそろえて解くこともできます。

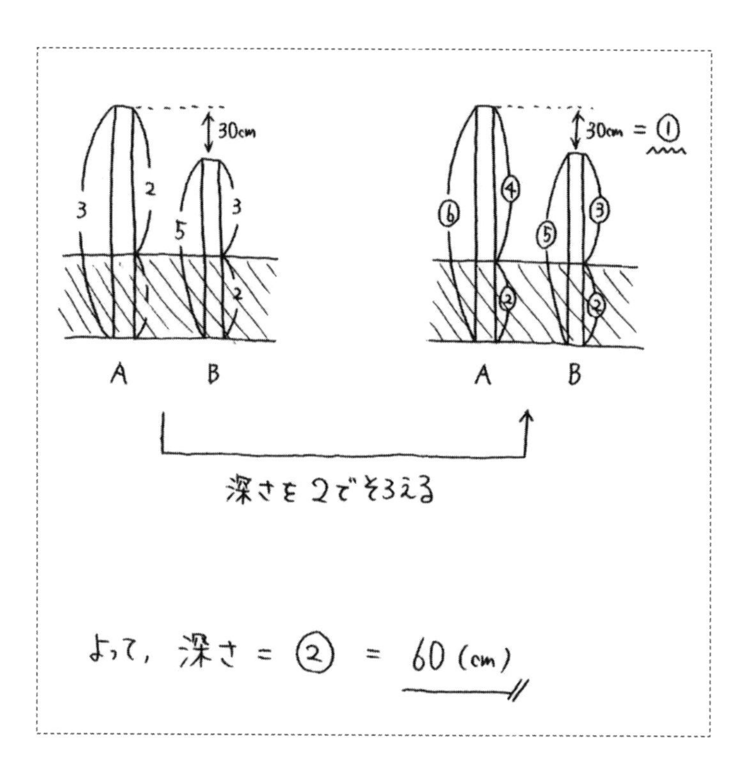

問題 34（割合と比：生徒の増減）

ある学校の昨年の生徒の人数は、男女合わせて 220 人でした。今年は男子が５％増え、女子が４％減り、全体の人数は２人増えました。今年の男子の人数は何人ですか。

昨年の男子の人数を①人、女子の人数を $\boxed{1}$ 人とします。

昨年は男女合わせて 220 人だったので、①＋ $\boxed{1}$ ＝220・・・ア

今年は男子が５％増え、女子が４％減り、全体は２人増えたので、

①×（1＋0.05）＋ $\boxed{1}$ ×（1－0.04）＝220＋2

→ (1.05) ＋ $\boxed{0.96}$ ＝222・・・イ

イを 100 倍すると、(105) ＋ $\boxed{96}$ ＝22200・・・ウ

アを 96 倍すると、(96) ＋ $\boxed{96}$ ＝21120・・・エ

ウからエを引くと、⑨＝1080 → ①＝120

よって、今年の男子の人数は

(1.05) ＝120×1.05＝<u>126（人）</u>となります。

※面積図を使って解くこともできます。

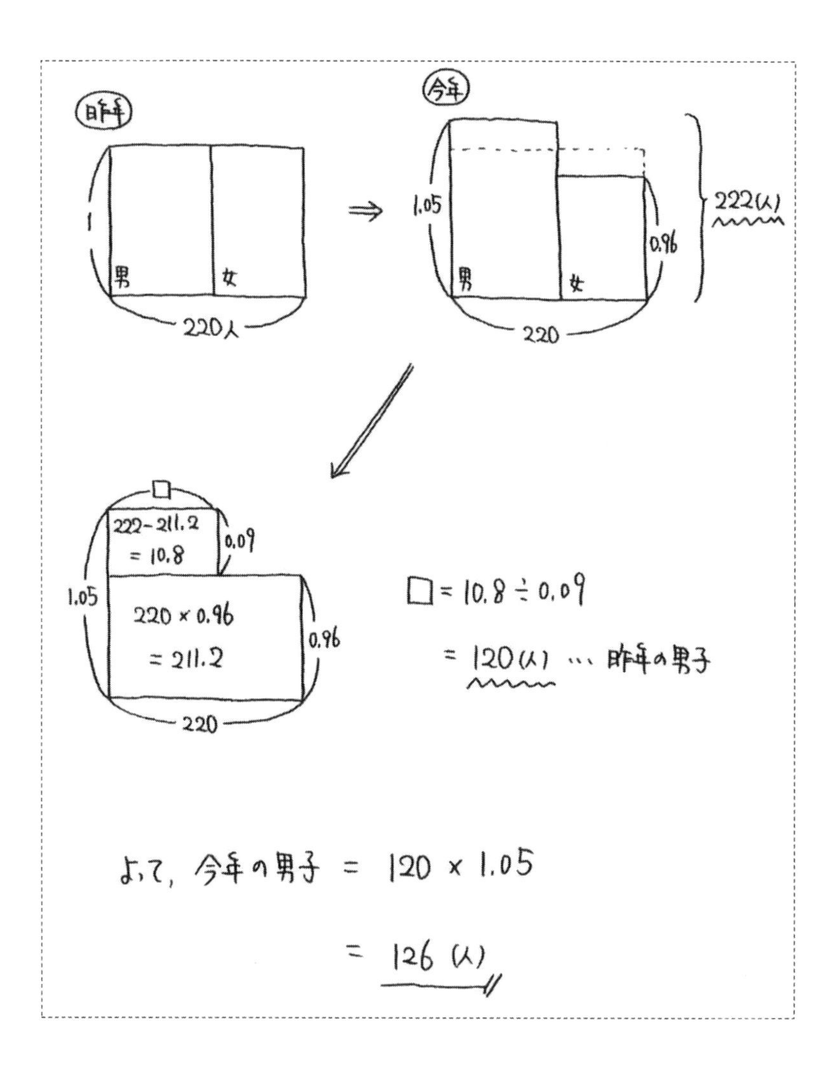

問題35（旅人算：速さの和差算）
1周600mの池の周りを、A君とB君が歩きます。2人が反対方向に進むと4分ごとに出会い、同じ方向に進むと12分ごとにA君がB君を追いこします。A君の速さは分速何mですか。

A君の速さを分速①m、B君の速さを分速[1]mとします。

反対方向に進むと4分ごとに出会う
（4分間に2人合計で600m進む）ので、
600÷（①＋[1]）＝4 → ①＋[1]＝150・・・ア

同じ方向に進むと12分ごとにA君がB君を追いこす
（12分間で600mの差がつく）ので、
600÷（①－[1]）＝12 → ①－[1]＝50・・・イ

アとイを加えると、②＝200 → ①＝100

よって、A君の速さは 分速100mとなります。

※２人の進む様子を図解すると、次のようになります。

反対方向に進むとき

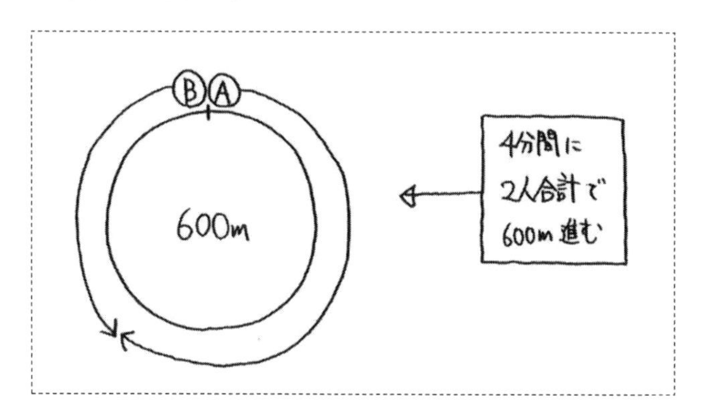

同じ方向に進むとき

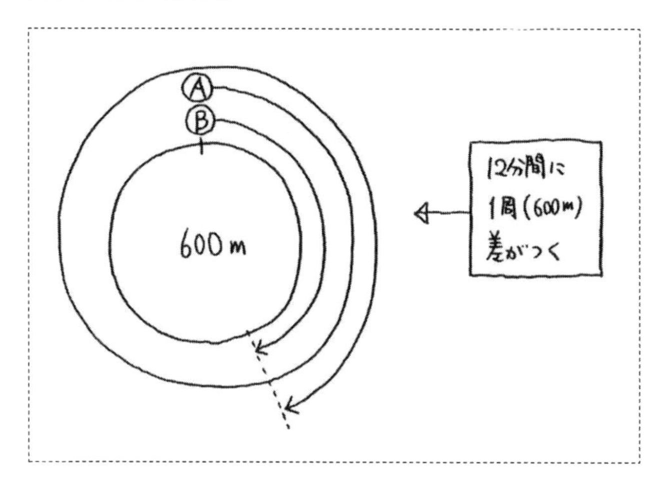

問題 36（通過算：通過の比較）
電車が 180mの鉄橋を通過するのに 15 秒、300mのトンネルを通過するのに 21 秒かかります。電車の長さは何mですか。

電車の速さを秒速①m、電車の長さを[1]mとします。

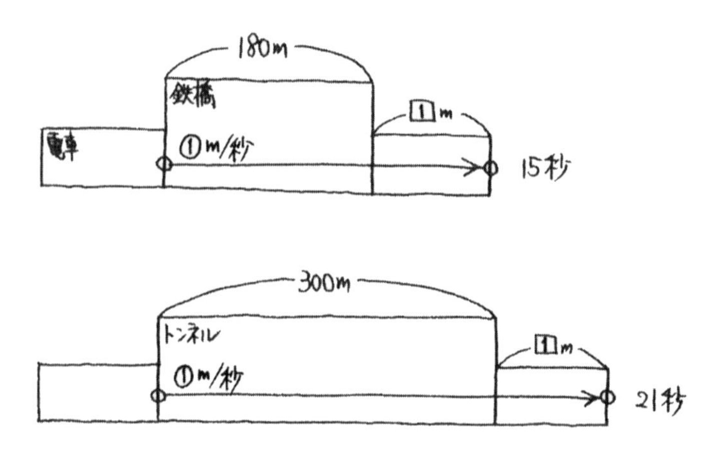

180mの鉄橋を通過するのに 15 秒かかるので、

①×15＝180＋[1] → ⑮＝180＋[1] ・・・ア

300mのトンネルを通過するのに 21 秒かかるので、

①×21＝300＋[1] → ㉑＝300＋[1] ・・・イ

イからアを引くと、⑥＝120 → ①＝20 ・・・ウ

ア、ウより、20×15＝180＋[1] → [1] ＝120

よって、電車の長さは 120mとなります。

問題 37（流水算：流れの速さを求める）

ある船が 30km の川を上るのに５時間、下るのに３時間かかります。

川の流れの速さは時速何 km ですか。

船の静水時の速さを時速[1]km、

川の流れの速さを時速①km とします。

30km の川を上るのに５時間かかるので、

30 ÷（[1] −①）＝5 → [1] −①＝6・・・ア

30km の川を下るのに３時間かかるので、

30 ÷（[1] ＋①）＝3 → [1] ＋①＝10・・・イ

ア、イより、②＝4 → ①＝2

よって、川の流れの速さは 時速２km となります。

※線分図を使って解くこともできます。

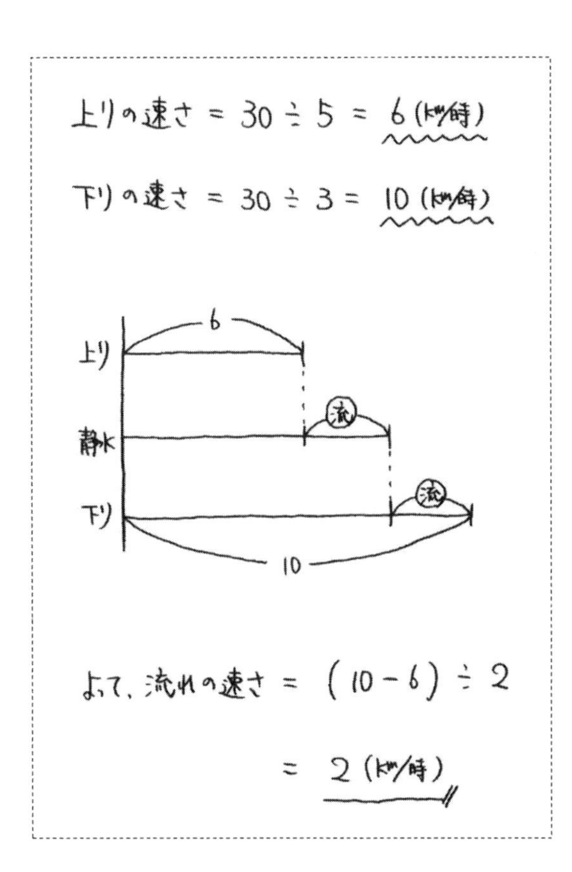

問題 38（速さと比：速さのつるかめ算）

1200mはなれた地点に行くのに、最初は分速 60mで歩き、途中から分速 100mで走ったところ、18 分かかりました。走った時間は何分ですか。

歩いた時間を$\textcircled{1}$分、走った時間を$\boxed{1}$分とします。

合計で 1200m進んだので、

$60\times\textcircled{1}+100\times\boxed{1}=1200$ → $\textcircled{60}+\boxed{100}=1200$・・・ア

合計で 18 分かかったので、$\textcircled{1}+\boxed{1}=18$・・・イ

イを 60 倍すると、$\textcircled{60}+\boxed{60}=1080$・・・ウ

アからウを引くと、$\boxed{40}=120$ → $\boxed{1}=3$

よって、走った時間は <u>3分</u>となります。

※面積図を使って解くこともできます。

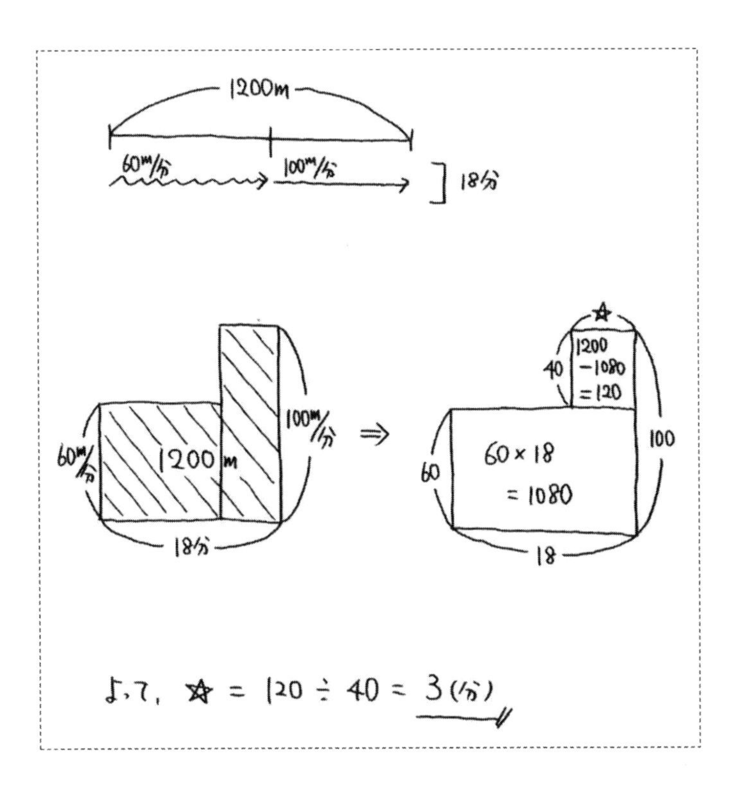

問題 39（速さと比：速さの過不足算）
家から学校に行くのに、分速 60mだと始業時刻に 10 分遅れてしまい、分速 100mだと始業時刻より 6 分早く着きます。家から学校までの距離は何mですか。

家を出てから始業時刻までの時間を①分とします。

分速 60mだと①＋10 分かかることになるので、
家から学校までの距離は
60 ×（①＋10）＝(60)＋600（m）・・・ア

分速 100mだと①－6 分かかることになるので、
家から学校までの距離は
100 ×（①－6）＝(100)－600（m）・・・イ

アとイは等しいので、
(60)＋600＝(100)－600 →(40)＝1200 → ①＝30

アより、家から学校までの距離は
30×60＋600＝ <u>2400m</u> となります。

※速さの比と時間の比が逆比になることを利用して、

次のように解くこともできます。

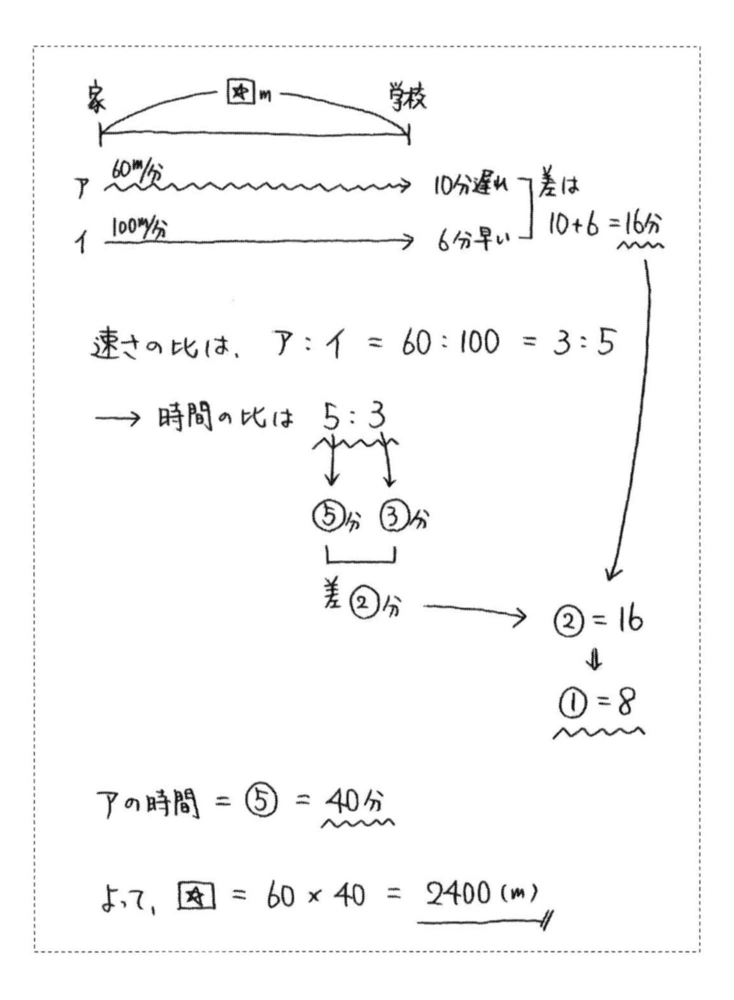

※始業時刻まで歩くと仮定して、次のように解くこともできます。

始業時刻まで歩いたとすると，進むきょりは

ア → 60(m/分) × 10(分) = 600(m) 短くなる

イ → 100 × 6 = 600(m) 長くなる

家 ☆m 学校

600m 600m

ア 60m/分

イ 100m/分

差は
600+600 = 1200 m

歩いた時間は，1200 ÷ (100 − 60) = 30(分)

(100 − 60)：1分間に進むきょりの差

よって，☆ = 60 × 30 + 600

= 2400(m)

問題 40（速さと比：往復にかかった時間）

ある2地点間を往復するのに、行きは分速 60m、帰りは分速 80m で歩いたところ、往復で 35 分かかりました。2地点間の距離は何 m ですか。

行きにかかった時間を①分、帰りにかかった時間を[1]分とします。

行きは分速 60mなので、2地点間の距離は 60×①＝(60)（m）
帰りは分速 80mなので、2地点間の距離は 80×[1]＝[80]（m）
よって、(60)＝[80] → ③＝[4]　・・・ア

合計で 35 分かかったので、①＋[1]＝35・・・イ

イを3倍すると、③＋[3]＝105・・・ウ
ア、ウより、[4]＋[3]＝105 → [7]＝105 → [1]＝15

よって、2地点間の距離は 80×15＝<u>1200（m）</u>となります。

※速さの比と時間の比が逆比になることを利用して、

次のように解くこともできます。

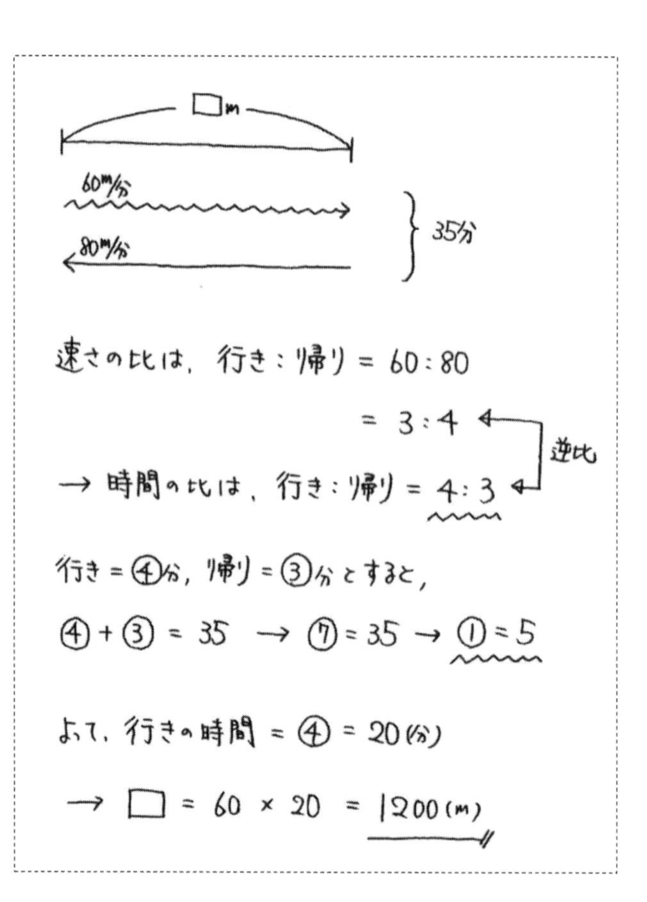

※具体的な数で試して、次のように解くこともできます。

速さ(60, 80)の最小公倍数

試しに、きょり＝240(m)とすると、

240m

60m/分 →

← 80m/分

行きの時間 $= 240 \div 60 = 4$(分)

帰りの時間 $= 240 \div 80 = 3$(分)

往復の時間 $= 4 + 3 = 7$(分)

実際は35分 → $35 \div 7 = 5$(倍)

よって、実際のきょり $= 240 \times 5$

$= 1200$(m)

問題 41（分配算：商と余りの関係）

２つの数ＡとＢの和は 200 で、ＡをＢで割ると、商は４で余りが 20 になります。Ａはいくつですか。

ＡをＢで割ると商は４で余りが 20 になるので、

Ａ÷Ｂ＝４…20 → Ａ＝Ｂ×４＋20

Ｂを①とおくと、

Ａは①×４＋20＝④＋20 と表せます。

ＡとＢの和は 200 なので、

④＋20＋①＝200 → ⑤＋20＝200 → ①＝36

よって、Ａは 36×４＋20＝164 となります。

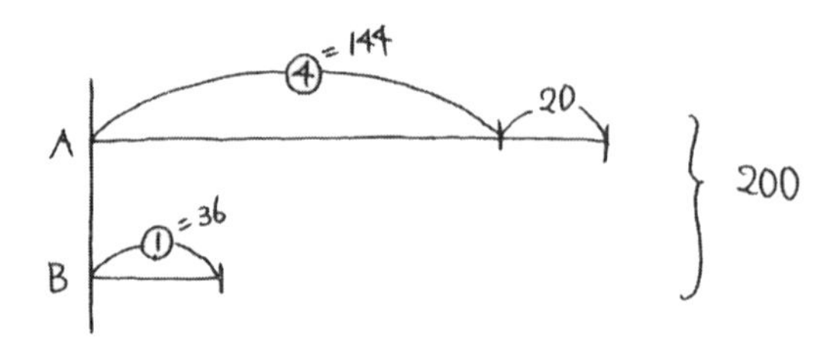

問題 42（分配算：３つの数量の分配算）

A、B、Cの３人の所持金の合計は 2500 円で、AはBの２倍より 10 円多く、BはCの３倍より 30 円多いそうです。Bの所持金は何円ですか。

Cの所持金を①円とおくと、

Bの所持金は①×３＋30＝③＋30（円）

AはBの２倍より 10 円多いので、

Aの所持金は（③＋30）×２＋10＝⑥＋70（円）

３人の所持金の合計は 2500 円なので、

⑥＋70＋③＋30＋①＝2500

→ ⑩＋100＝2500 → ①＝240

よって、Bの所持金は 240×３＋30＝750（円）となります。

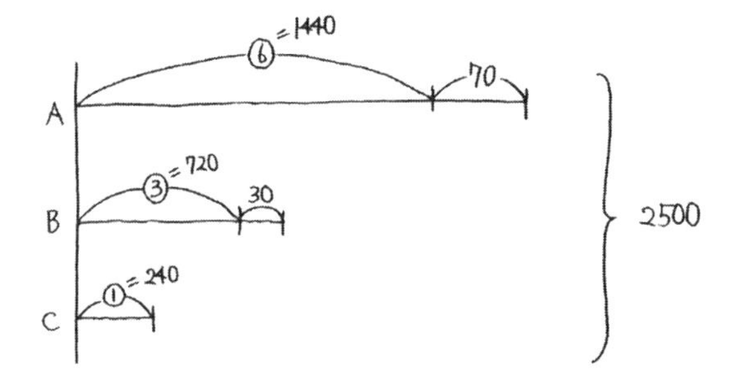

問題 43（つるかめ算：合計の差）

1 個 100 円のりんごと 1 個 50 円のみかんを合計 40 個買ったところ、りんごの代金の合計の方が、みかんの代金の合計よりも 400 円高くなりました。りんごは何個買いましたか。

りんごの個数を $\boxed{1}$ 個、みかんの個数を①個とします。

合計は 40 個なので、$\boxed{1}$ ＋①＝40・・・ア

りんごの代金の方が、みかんの代金よりも 400 円高いので、

100×$\boxed{1}$ −50×①＝400 → $\boxed{100}$ −㊿＝400・・・イ

アを 50 倍すると、$\boxed{50}$ ＋㊿＝2000・・・ウ

イとウを加えると、$\boxed{150}$ ＝2400 → $\boxed{1}$ ＝16

よって、りんごの個数は <u>16 個</u>となります。

※表を使って解くこともできます。

40 個すべてがりんごだとすると、

代金の差は 100×40－50×0＝4000（円）

りんごが 39 個、みかんが 1 個だとすると、

代金の差は 100×39－50×1＝3850（円）

つまり、みかんが 1 個増える（りんごが 1 個減る）と、

代金の差は 4000－3850＝150（円）減ることがわかります。

りんごの個数	40	39	・・・	
みかんの個数	0	1	・・・	☆
代金の差（りんごーみかん）	4000	3850	・・・	400

実際の代金の差は 400 円なので、

☆＝（4000－400）÷150＝24

よって、りんごの個数は 40－24＝16（個）

問題 44（つるかめ算：３つの数量のつるかめ算）

30ｇ、20ｇ、10ｇの３種類のおもりが全部で 32 個あります。重さの合計は 600ｇで、20ｇと 10ｇのおもりは同じ個数あります。30ｇのおもりは何個ありますか。

30ｇのおもりの個数を $\boxed{1}$ 個、

20ｇと 10ｇのおもりの個数をそれぞれ①個とします。

合計は 32 個なので、

$\boxed{1}$ ＋①＋①＝32 → $\boxed{1}$ ＋②＝32 ・・・ア

重さの合計は 600ｇなので、

30× $\boxed{1}$ ＋20×①＋10×①＝600

→ $\boxed{30}$ ＋㉚＝600 → $\boxed{1}$ ＋①＝20 ・・・イ

ア、イより、①＝12 → $\boxed{1}$ ＝8

よって、30ｇのおもりの個数は<u>8個</u>となります。

※表を使って解くこともできます。

32個すべてが30gのおもりだとすると、

重さの合計は30×32＝960（g）

30gのおもりが30個、20gと10gのおもりが1個ずつだとすると、

重さの合計は30×30＋20×1＋10×1＝930（g）

つまり、20gと10gのおもりが1個増える（30gのおもりが2個減る）と、

重さの合計は960－930＝30（g）減ることがわかります。

30gのおもりの個数	32	30	・・・	
20gのおもりの個数	0	1	・・・	☆
10gのおもりの個数	0	1	・・・	☆
重さの合計	960	930	・・・	600

実際の重さの合計は600gなので、

☆＝（960－600）÷30＝12

よって、30gのおもりの個数は 32－2×12＝8（個）

問題 45（差集め算：個数を逆にする）

1 個 100 円のりんごと 1 個 50 円のみかんを何個かずつ買って 2400 円になる予定でしたが、個数を逆にして買ったため、2100 円になりました。りんごを何個買う予定でしたか。

りんごを$\boxed{1}$個、みかんを①個買う予定だったとします。

合計 2400 円になる予定だったので、

$100\times\boxed{1}+50\times\textcircled{1}=2400 \rightarrow \boxed{100}+\textcircled{50}=2400$・・・ア

実際はりんごを①個、みかんを$\boxed{1}$個買って 2100 円になったので、

$100\times\textcircled{1}+50\times\boxed{1}=2100 \rightarrow \textcircled{100}+\boxed{50}=2100$・・・イ

ア、イを加えると、

$\boxed{150}+\textcircled{150}=4500 \rightarrow \boxed{50}+\textcircled{50}=1500$・・・ウ

アからウを引くと、$\boxed{50}=900 \rightarrow \boxed{1}=18$

よって、買う予定だったりんごの個数は 18 個となります。

※差集め算として解くこともできます。

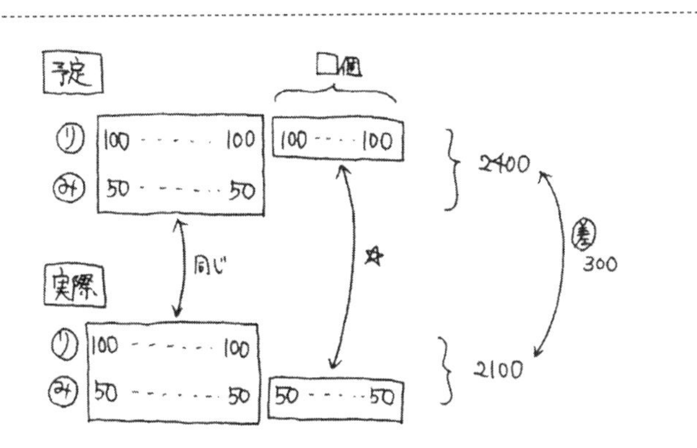

☆で300円の差が発生した

→ $\square = 300 \div (100-50) = 6$(個)

（$100-50$：1個あたりの差）

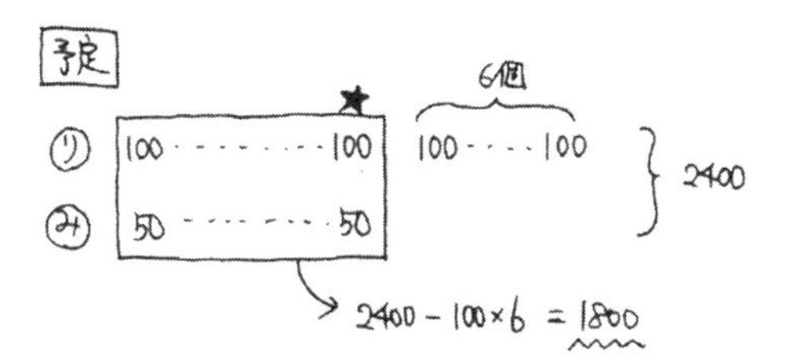

★でりとみのセットを作ると、

(100, 50) (100, 50) ・・・ (100, 50) ｝ 1800

→ $1800 \div (100+50) = 12$(セット)

よって、予定していたりの個数は　$12+6 = 18$(個)

問題 46（過不足算：配り方をそろえる）

あめを配るのに、最初の 5 人に 5 個、残りの人に 2 個ずつ配ると 15 個余り、全員に 4 個ずつ配ると 10 個足りなくなります。あめは何個ありますか。

全体の人数を①人とします。

最初の５人に５個、残りの人に２個ずつ配ると 15 個余るので、

あめの個数は ５×５＋２×（①－５）＋15

＝②＋30（個）・・・ア

全員に４個ずつ配ると 10 個足りなくなるので、

あめの個数は ４×①－10＝④－10（個）・・・イ

アとイは等しいので、

②＋30＝④－10 → ②＝40 → ①＝20

よって、あめの個数は 20×２＋30＝70（個）となります。

※過不足算として解くこともできます。

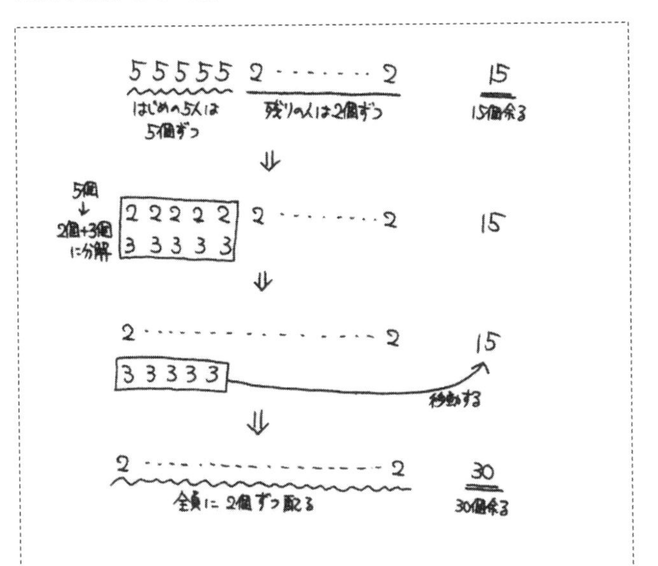

つまり、

「全員に2個ずつ配ると30個余る」ことになる。

整理すると，

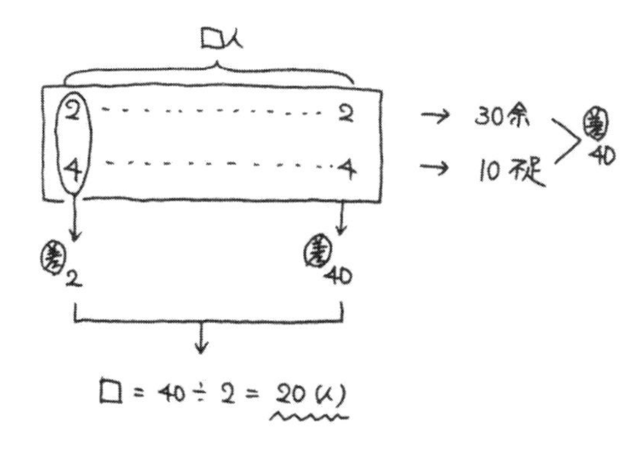

$\square = 40 \div 2 = 20$（人）

よって，あめの個数は　$2 \times 20 + 30 = 70$（個）

問題 47（平均算：人数を求める）

30 人のクラスでテストをしたところ、全体の平均点は 61.4 点、男子の平均点は 60 点、女子の平均点は 63 点でした。女子の人数は何人ですか。

男子の人数を $\boxed{1}$ 人、女子の人数を①人とします。

合計人数は 30 人なので、$\boxed{1}$ ＋①＝30・・・ア

男子の合計点は 60×$\boxed{1}$ ＝$\boxed{60}$（点）
女子の合計点は 63×①＝$\textcircled{63}$（点）
全体の合計点は 61.4×30＝1842（点）
→ $\boxed{60}$ ＋$\textcircled{63}$ ＝1842・・・イ

アを 60 倍すると、$\boxed{60}$＋$\textcircled{60}$ ＝1800・・・ウ
イからウを引くと、③＝42 → ①＝14

よって、女子の人数は 14 人となります。

※面積図を使って解くこともできます。

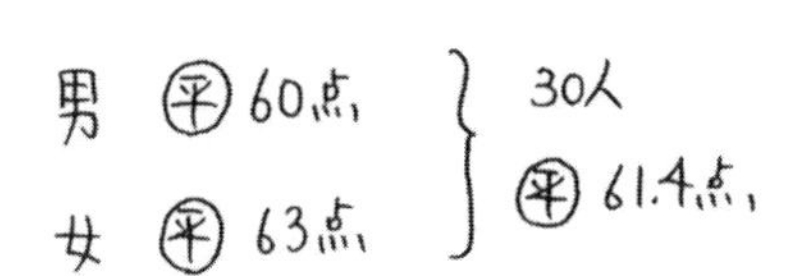

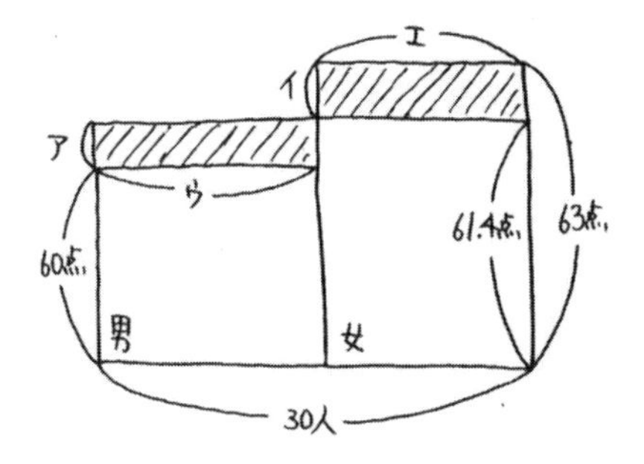

斜線部分どうしの面積は等しいので、

$(\underbrace{61.4-60}_{ア}) \times ウ = (\underbrace{63-61.4}_{イ}) \times エ$

→ ウ：エ ＝ 1.6：1.4 ＝ 8：7

よって、女子の人数は $30 \times \dfrac{7}{8+7} = \underline{14（人）}$

問題 48（相当算：重なりの注目する）

ある学校の男子の人数は全体の 60％より 22 人少なく、女子の人数は全体の 45％より 7 人多いそうです。男子の人数は何人ですか。

全体の人数を①人とします。

男子の人数は ①×0.6－22＝(0.6)－22

女子の人数は ①×0.45＋7＝(0.45)＋7

男子と女子の合計が全体の人数になるので、

(0.6)－22＋(0.45)＋7＝①

→ (1.05)－15＝① → (0.05)＝15

→ ①＝15÷0.05＝300

よって、男子の人数は

300×0.6－22＝158（人）となります。

※線分図を使って解くこともできます。

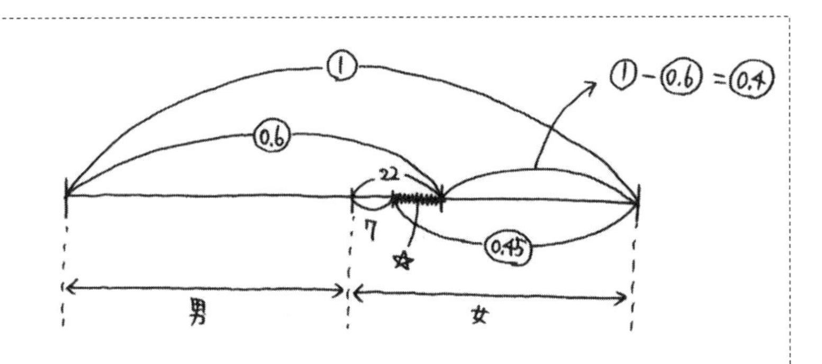

重なり（☆）に注目すると，

(0.45) − (0.4) ＝ 22 − 7　→　(0.05) ＝ 15

→　① ＝ 300

よって，男の人数は，300 × 0.6 − 22 ＝ 158（人）

問題 49（相当算：複雑な相当算）

太郎君はある本を、1日目は全体の7分の2と6ページ、2日目は残りの12分の5と4ページを読んだところ、45ページ残りました。この本は全部で何ページありますか。

全体を⑦ページ、1日目の残りを[12]ページとします。

2日目に読んだページ数は

[12]$\times \frac{5}{12}$＋4＝[5]＋4（ページ）

2日目の残りは45ページなので、

[5]＋4＋45＝[12]→[7]＝49→[1]＝7

1日目に読んだページ数は

⑦$\times \frac{2}{7}$＋6＝②＋6（ページ）

1日目の残りは[12]＝7×12＝84（ページ）なので、

②＋6＋84＝⑦ → ⑤＝90 → ①＝18 → ⑦＝18×7＝126

よって、全体のページ数は126ページとなります。

※線分図を使って解くこともできます。

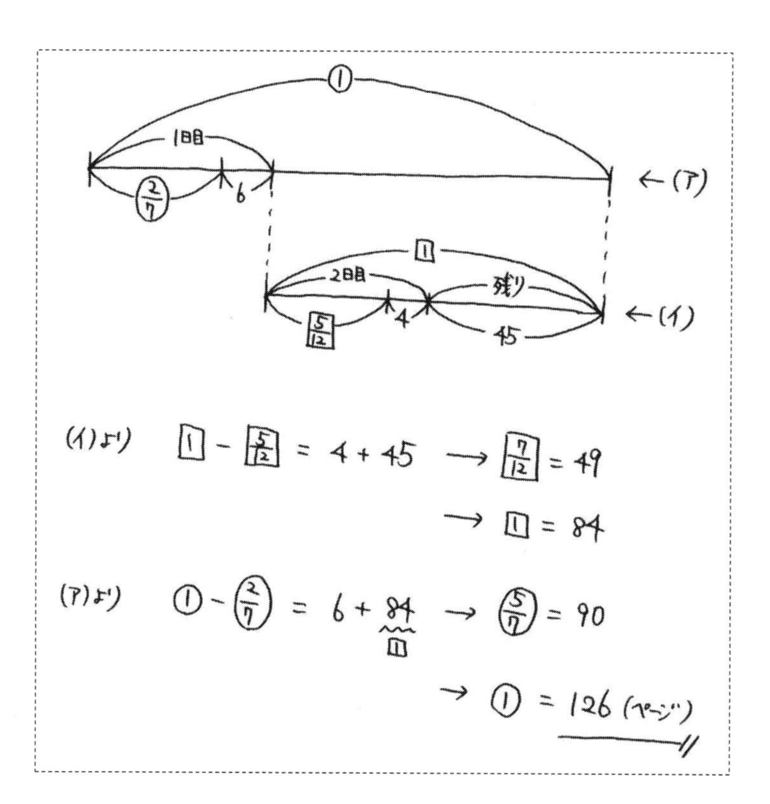

問題 50（年令算：倍率の変化）
現在、父の年令は子供の年令の５倍で、18 年後には２倍になります。現在の父の年令は何才ですか。

現在の父の年令を⑤才、子供の年令を①才とします。

18 年後の父の年令は⑤＋18（才）
子供の年令は①＋18（才）

父の年令は子供の年令の２倍になるので、
⑤＋18＝（①＋18）×2
→ ⑤＋18＝②＋36 → ③＝18 → ①＝6

よって、現在の父の年令は
⑤＝6×5＝<u>30（才）</u>となります。

※２人の年令の差が変わらない（差が一定）ことに注目して、

次のように解くこともできます。

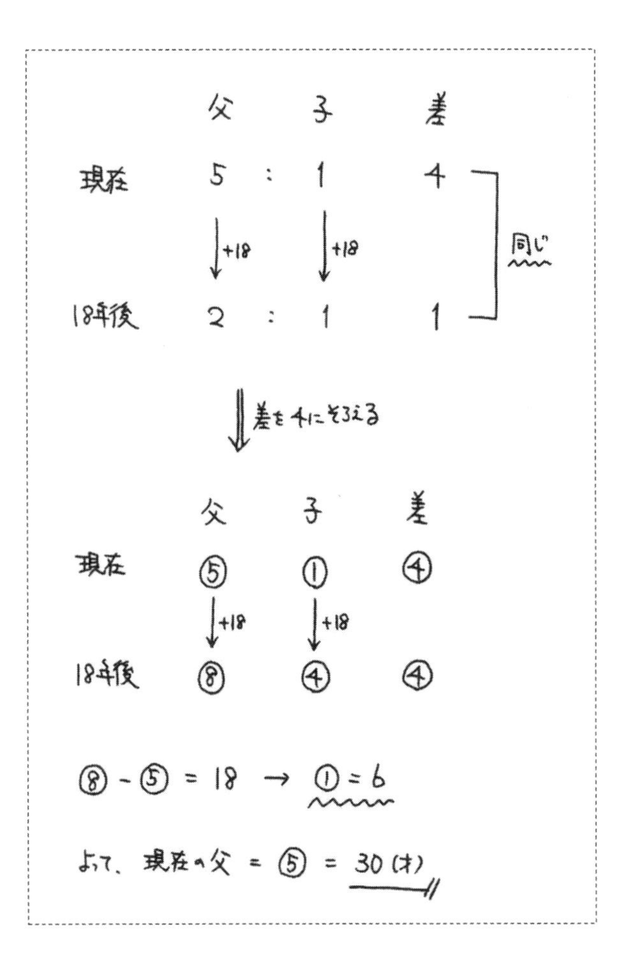

※線分図を使って解くこともできます。

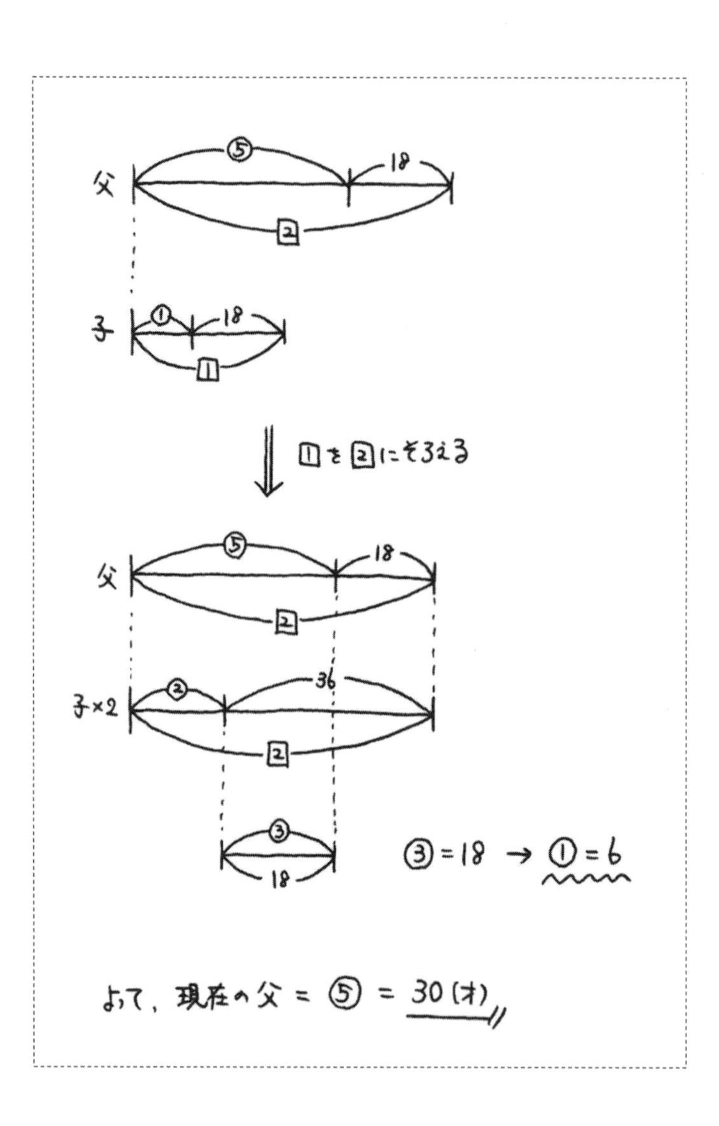

問題 51（損益算：２通りの値引き）
ある品物を定価の２割引きで売ると 80 円の利益があり、３割引きで売ると 120 円の損失になります。原価は何円ですか。

定価を①円とします。

定価の２割引きで売ると 80 円の利益があるので、
原価は ①×（1－0.2）－80＝(0.8)－80（円）・・・ア

定価の３割引きで売ると 120 円の損失になるので、
原価は ①×（1－0.3）＋120＝(0.7)＋120（円）・・・イ

ア、イより、
(0.8)－80＝(0.7)＋120 → (0.1)＝200 → ①＝2000

よって、原価は 2000×0.8－80＝1520（円）となります。

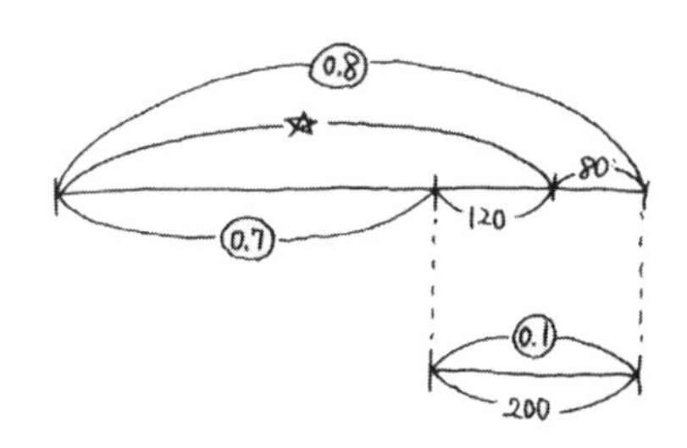

問題 52（損益算：個数と全体の利益）

ある商品を 1 個 150 円で何個か仕入れましたが、40 個がこわれていたので捨てて、残りの商品を 1 個 200 円で売ったところ、利益は 12000 円になりました。仕入れた商品は何個でしたか。

売れた商品の個数①個とすると、

仕入れた個数は①＋40 個となります。

仕入れにかかった費用は

150×（①＋40）＝$\textcircled{150}$＋6000（円）

売上は 200×①＝$\textcircled{200}$（円）

利益は 12000 円なので、

$\textcircled{150}$＋6000＋12000＝$\textcircled{200}$ → $\textcircled{50}$＝18000 → ①＝360

よって、仕入れた個数は 360＋40＝400（個）となります。

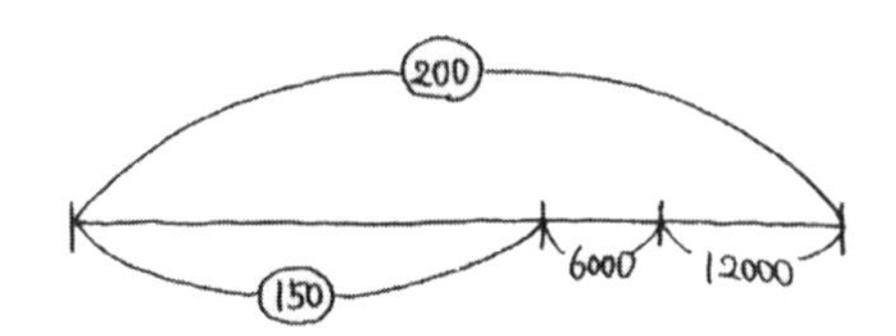

※予定（40 個がこわれていなかった場合）の売上と利益に注目して、

次のように解くこともできます。

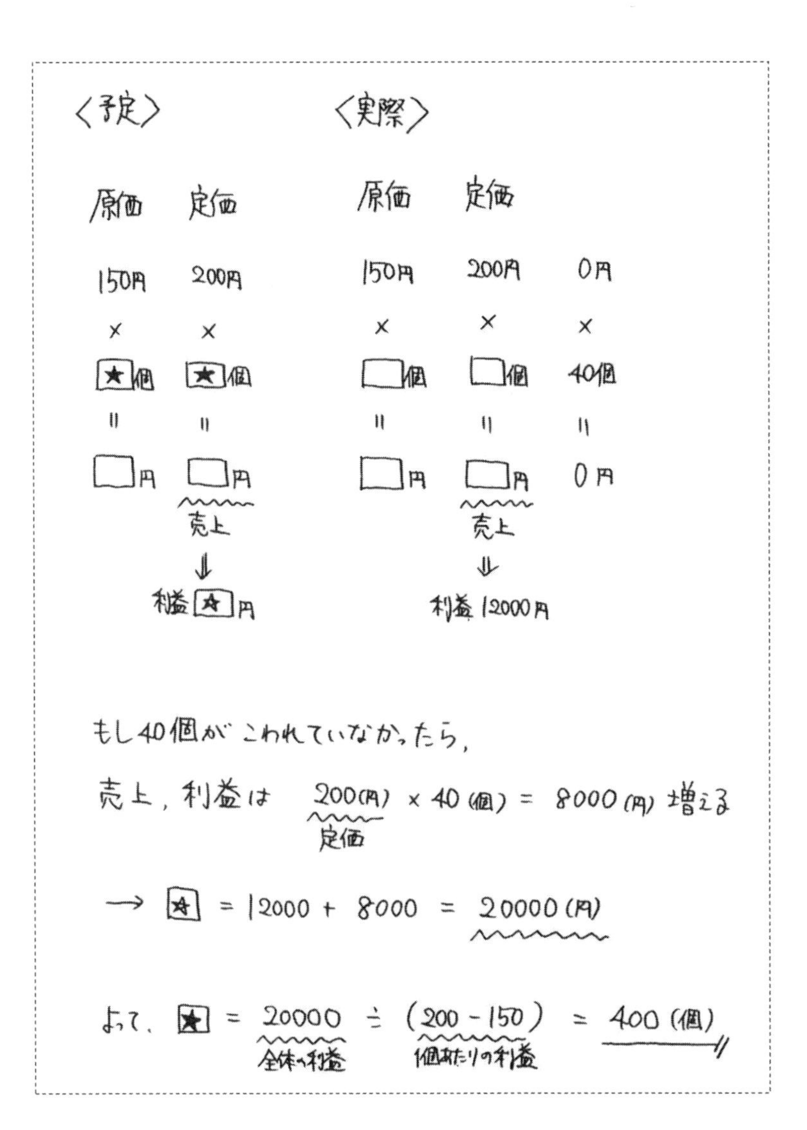

問題 53（旅人算：速さの差集め算）

太郎君はＡ地点を分速 70m で、花子さんはＢ地点を分速 50m で、向かい合って同時に出発しました。２人はＡＢの真ん中から 200m はなれた地点で出会いました。ＡＢの距離は何 m ですか。

２人が①分後に出会ったとすると、

太郎が進んだ距離は 70×①＝⑦⓪（m）

花子が進んだ距離は 50×①＝⑤⓪（m）

ＡＢの距離は⑦⓪＋⑤⓪＝(120)（m）

→ ＡＢの半分の距離は⑥⓪ m

ＡＢの真ん中から 200m はなれた地点で出会ったので、

⑦⓪－⑥⓪＝200 → ⑩＝200 → ①＝20

よって、ＡＢの距離は 20×120＝2400（m）となります。

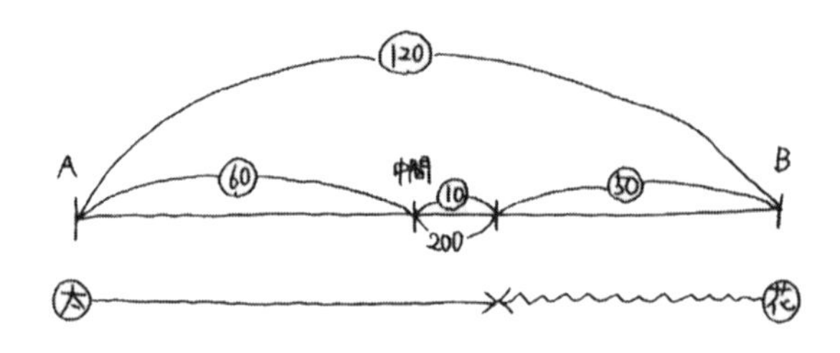

※２人の進んだ距離の差に注目して、次のように解くこともできます。

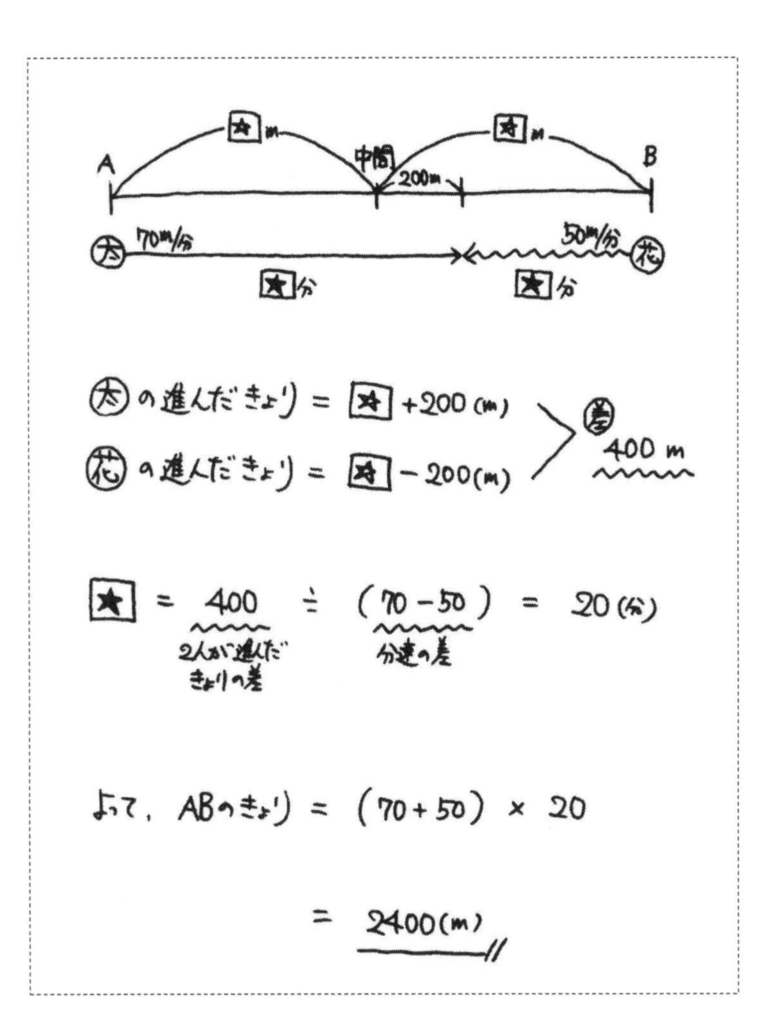

問題 54（旅人算：速さの和差算）
A君とB君が池の周りを、同じ場所から同時に出発しました。2人が反対方向に進むと5分ごとに出会い、同じ方向に進むと 30 分ごとにA君がB君を追いこします。B君が池を1周するのにかかる時間は何分ですか。

A君の速さを分速①m、B君の速さを分速$\boxed{1}$m、
池の周りの長さをXmとします。

反対方向に進むと5分ごとに出会う（5分間に2人合計でXm進む）
ので、X ÷（①＋$\boxed{1}$）＝5 → X＝⑤＋$\boxed{5}$・・・ア

同じ方向に進むと 30 分ごとにA君がB君を追いこす
（30 分間でXmの差がつく）ので、
X ÷（①－$\boxed{1}$）＝30 → X＝㉚－$\boxed{30}$・・・イ

ア、イより、⑤＋$\boxed{5}$＝㉚－$\boxed{30}$→㉕＝$\boxed{35}$→ ⑤＝$\boxed{7}$
→ X＝⑤＋$\boxed{5}$＝$\boxed{7}$ ＋$\boxed{5}$ ＝$\boxed{12}$

よって、B君が池を1周するのにかかる時間は
$\boxed{12}$ ÷ $\boxed{1}$ ＝<u>12（分）</u>となります。

※和差算として解くこともできます。

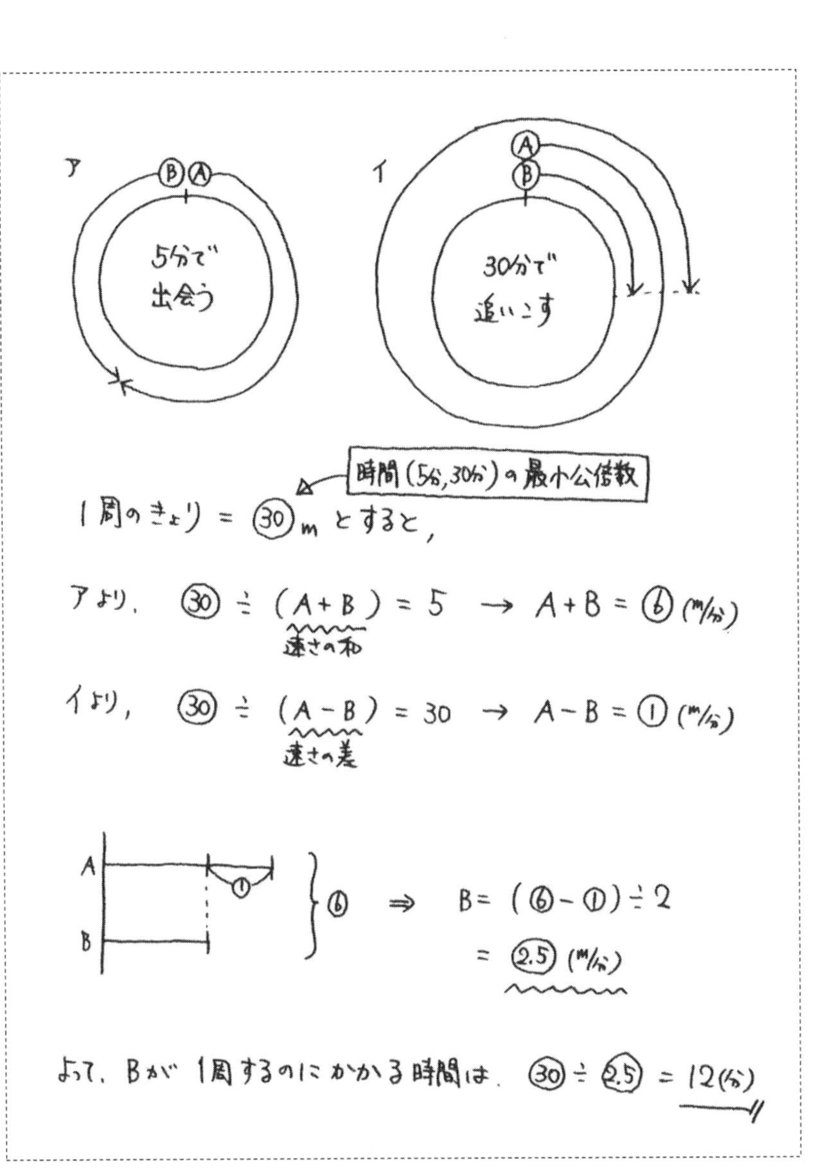

問題 55（通過算：通過の比較）

長さ 150mの普通電車がトンネルを通過するのに１分 15 秒かかります。また、長さ 200mの特急電車が同じトンネルを通過するのに 40 秒かかります。特急電車の速さは普通電車の速さの２倍です。このとき、トンネルの長さは何mですか。

普通電車の速さを秒速①m、特急電車の速さを秒速②m、トンネルの長さを□mとします。

150mの普通電車がトンネルを通過するのに 75 秒かかるので、

①×75＝□＋150 → □＝(75)－150（m）・・・ア

200mの特急電車がトンネルを通過するのに 40 秒かかるので、

②×40＝□＋200 → □＝(80)－200（m）・・・イ

ア、イより、(75)－150＝(80)－200 → ⑤＝50 → ①＝10

よって、トンネルの長さは 10×75－150＝600（m）となります。

※特急電車を普通電車におきかえて、次のように解くこともできます。

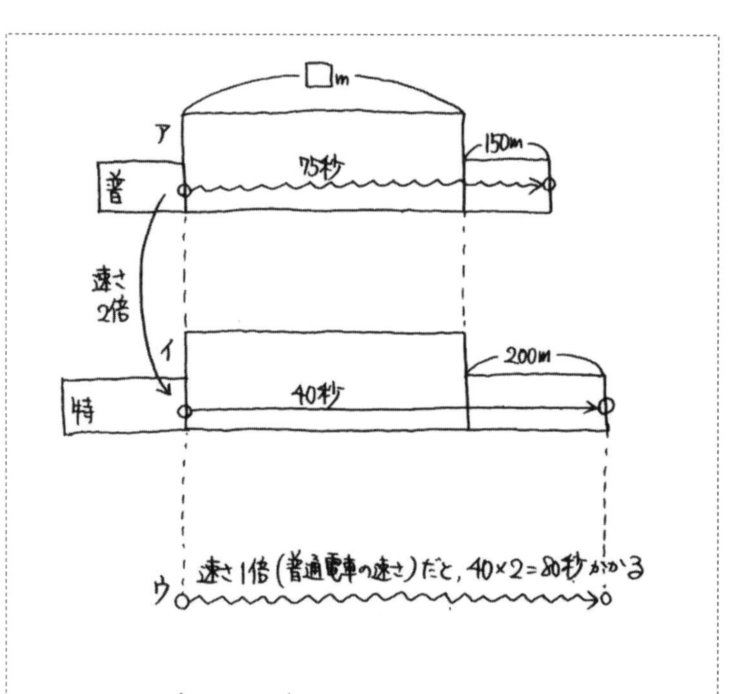

ア，ウの差に注目すると，

進んだきょりの差 ＝ 200 − 150 ＝ 50 (m)

時間の差 ＝ 80 − 75 ＝ 5 (秒)

→ 普通電車の速さ ＝ 50 ÷ 5 ＝ 10 (m/秒)

アより，□ + 150 ＝ 10 (m/秒) × 75 (秒) ＝ 750

→ □ ＝ 750 − 150 ＝ 600 (m)

問題 56（流水算：流速の変化）

船で 36km の川を往復するのに、上りは６時間、下りは３時間かかりました。下るときの川の流れの速さが上るときの２倍だったとすると、この船の静水時の速さは時速何 km ですか。

静水時の速さを時速 $\boxed{1}$ km、

上るときの流れの速さを時速①km、

下るときの流れの速さを時速②km とします。

上りは６時間かかったので、

36 ÷（$\boxed{1}$－①）＝6 → $\boxed{1}$－①＝6・・・ア

下りは３時間かかったので、

36 ÷（$\boxed{1}$＋②）＝3 → $\boxed{1}$＋②＝12・・・イ

アを２倍すると、$\boxed{2}$ －②＝12・・・ウ

イとウを加えると、$\boxed{3}$ ＝24 → $\boxed{1}$ ＝8

よって、静水時の速さは時速８km となります。

※線分図を使って解くこともできます。

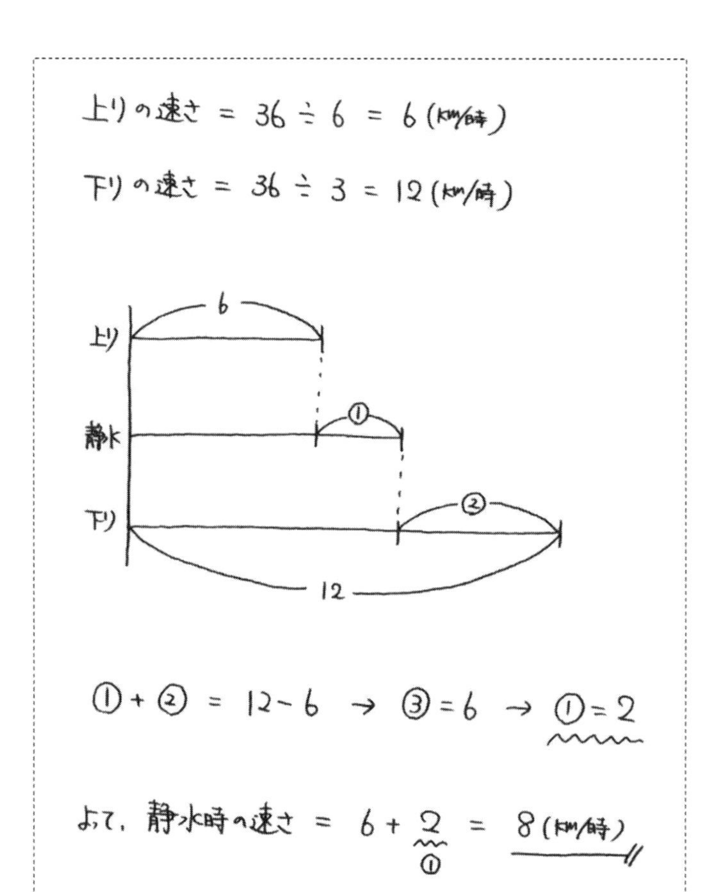

問題 57（和差算：勝敗と個数の増減）

A君とB君はいくつかご石を持っています。じゃんけんをして勝ったら３個増え、負けたら１個減り、あいこの場合は２人とも２個ずつ増えるものとします。30 回じゃんけんをして、A君は 45 個増え、B君は 25 個増えました。A君は何回勝ちましたか。

A 君が勝った回数を①回、B 君が勝った回数を $\boxed{1}$ 回、
あいこの回数を △1 回とします。

回数の合計は 30 回なので、①＋ $\boxed{1}$ ＋△1＝30・・・ア

A君は 45 個増えたので、
3×①－1×$\boxed{1}$＋2×△1＝45 → ③－ $\boxed{1}$＋△2＝45・・・イ

B 君は 25 個増えたので、
3×$\boxed{1}$－1×①＋2×△1＝25 → $\boxed{3}$－①＋△2＝25・・・ウ

イとウを加えると、
②＋$\boxed{2}$＋△4＝70 → ①＋$\boxed{1}$＋△2＝35・・・エ →

エからアを引くと、$\triangle\!\!\!\!1$＝5・・・オ

イ、オより、

③－$\boxed{1}$＋5×2＝45 → ③－$\boxed{1}$＝35・・・カ

ウ、オより、

$\boxed{3}$－①＋5×2＝25 →$\boxed{3}$－①＝15・・・キ

カを3倍すると、⑨－$\boxed{3}$＝105・・・ク

キとクを加えると、⑧＝120 → ①＝15

よって、Ａ君が勝った回数は15回となります。

※和差算として解くこともできます。

1回につき、○（勝）→ +3

×（負）→ −1

△（あいこ）→ +2

(ア) 勝負がつく場合

○ +3
× −1
} ㊗+2，㊟+4

(イ) 勝負がつかない場合

△ +2
△ +2
} ㊗+4，㊟変わらない

30回で A → +45，B → +25

⇒ 2人の㊗+70，㊟+20

㊗に注目すると，

(ア) ＋2 ｝ 30回
(イ) ＋4 ｝ ＋70

⟹ つるかめ算より，(ア) 25回，(イ) 5回

㊟に注目すると，

20（差(A−B)）÷ 4（1回あたり）＝ 5

⟹ AがBより5回多く勝った

勝負がついた25回のうち，

AはBより5回多く勝ったことになる。

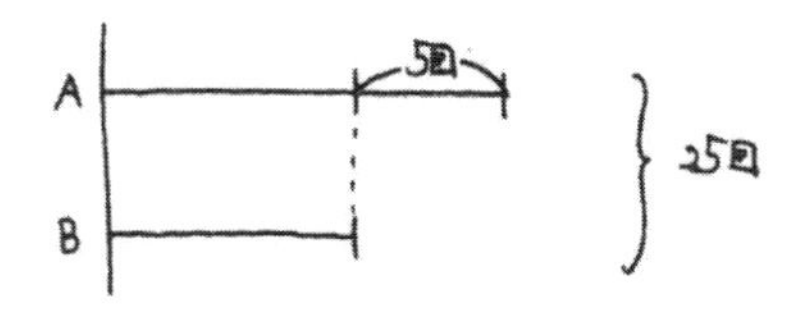

よって，Aが勝った回数は

(25＋5)÷2＝15(回)

問題 58（つるかめ算：３つの数量のつるかめ算）
つるとかめとカブトムシが合わせて 35 匹います。足の数の合計は 146 本で、かめはつるの２倍います。かめは何匹いますか。

つるは①匹、かめは②匹、カブトムシは1匹とします。

合計 35 匹なので、
①＋②＋1＝35 → ③＋1＝35・・・ア

足は合計 146 本なので、
２×①＋４×②＋６×1＝146 → ⑩＋6＝146・・・イ

アを６倍すると、⑱＋6＝210・・・ウ
ウからイを引くと、⑧＝64 → ①＝８ → ②＝16

よって、かめは16 匹となります。

※表を使って解くこともできます。

つるが１匹、かめが２匹、カブトムシが 32 匹だとすると、

足の数の合計は２×１＋４×２＋６×32＝202（本）

つるが２匹、かめが４匹、カブトムシが 29 匹だとすると、

足の数の合計は２×２＋４×４＋６×29＝194（本）

つまり、１回入れかえる（かめが２匹増える）と、

足の数の合計は 202－194＝８（本）減ることがわかります。

つるの数	1	2	・・・	
かめの数	2	4	・・・	☆
カブトムシの数	32	29	・・・	
足の数の合計	202	194	・・・	146

実際の足の数の合計は 146 本なので、

入れかえる回数は （202－146）÷８＝７（回）

→ ☆＝２＋２×７＝16

よって、かめの数は 16 匹

※平均の考え方を使って解くこともできます。

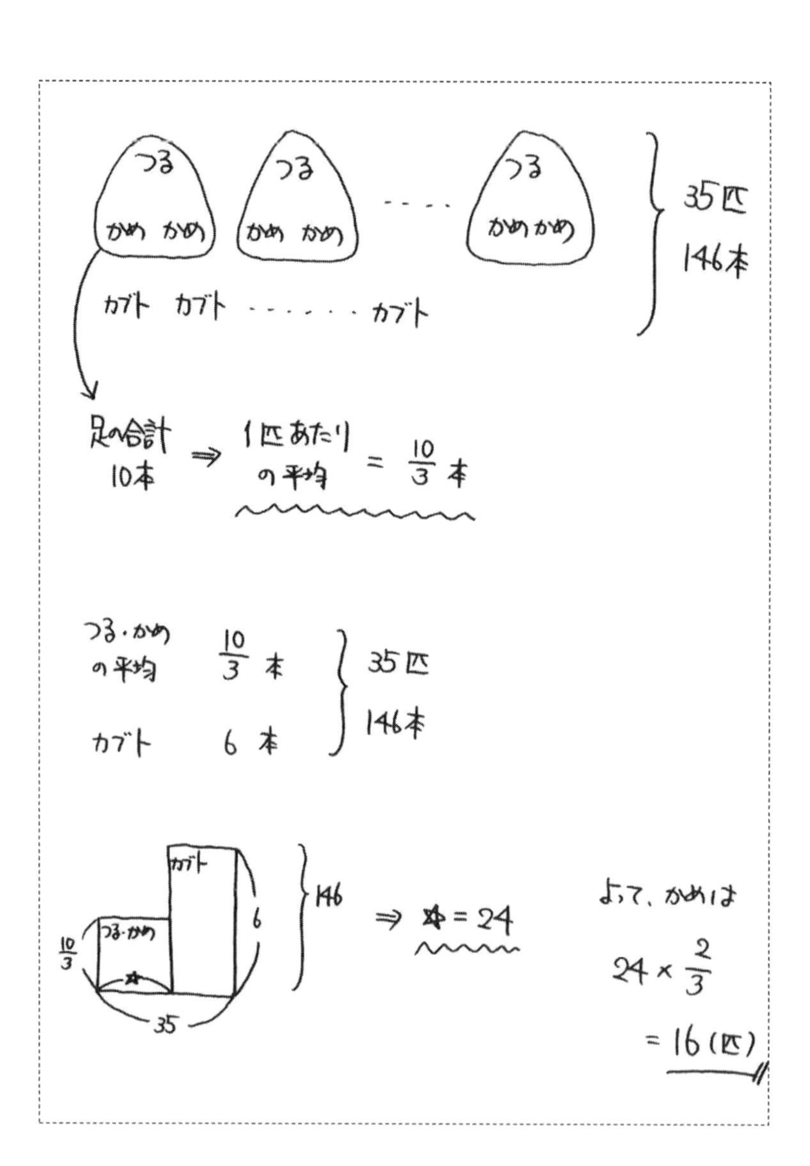

問題 59（差集め算：同じ廊下を２人が歩く）
太郎と次郎が歩いて廊下（ろうか）の長さを測ろうとしたところ、太郎は 51 歩あるくと残りが 31cm となり、次郎は 58 歩あるくと残りが 42cm となりました。太郎と次郎の歩幅の差が９cm であるとき、この廊下の長さは何mですか。

次郎の歩幅を①cm とすると、
太郎の歩幅は①＋９cm となります。

太郎は 51 歩あるくと残りが 31cm となるので、
廊下の長さは（①＋９）×51＋31＝(51)＋490（cm）・・・ア

次郎は 58 歩あるくと残りが 42cm となるので、
廊下の長さは ①×58＋42＝(58)＋42（cm）・・・イ

ア、イより、
(51)＋490＝(58)＋42 → ⑦＝448 → ①＝64

よって、廊下の長さは 64×51＋490
＝3754（cm）＝37.54（m）となります。

※線分図を使って解くこともできます。

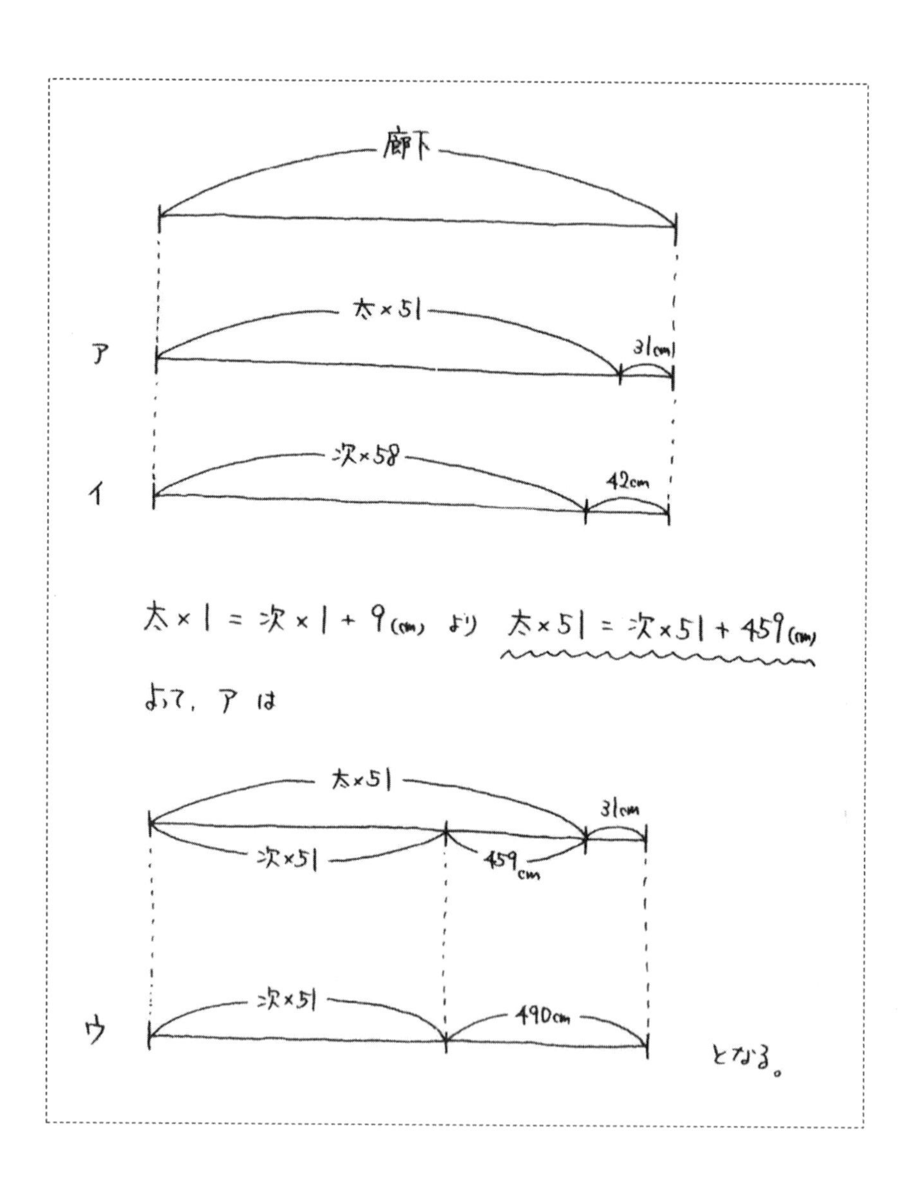

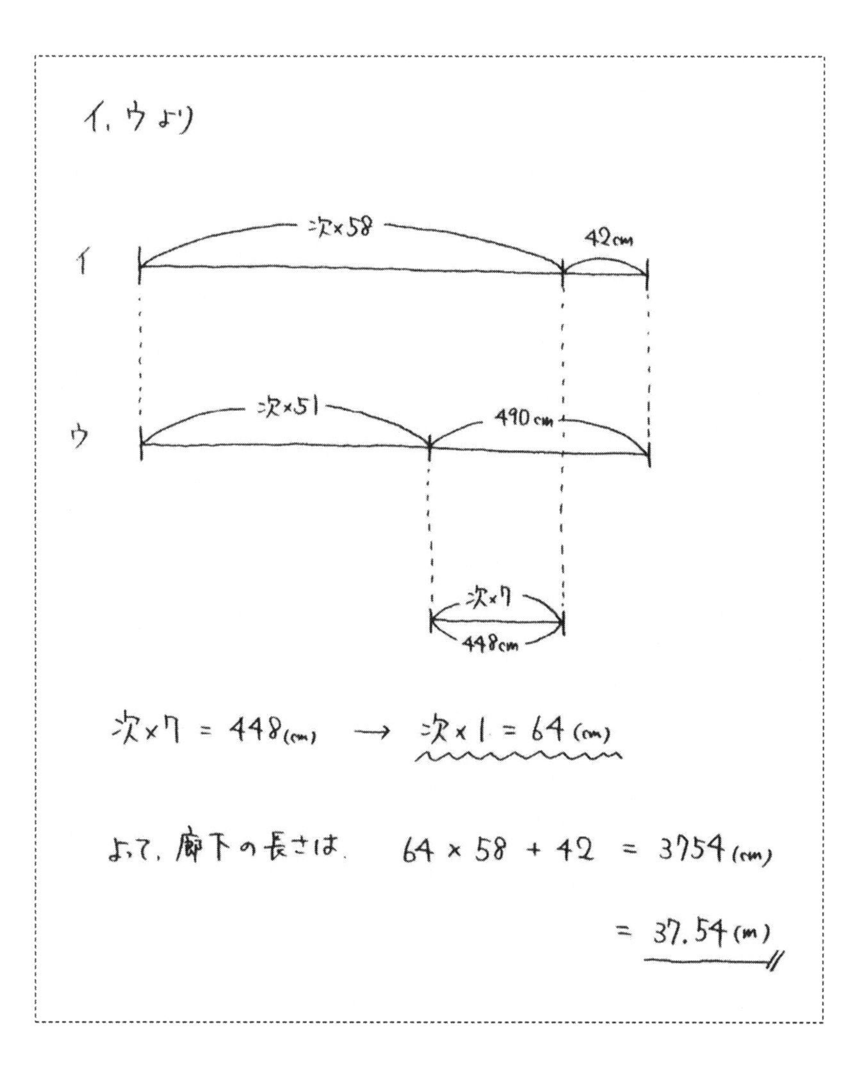
イ,ウより
次×58
42cm
イ
次×51
490cm
ウ
次×7
448cm
次×7 = 448(cm) → 次×1 = 64(cm)
よって,廊下の長さは, 64 × 58 + 42 = 3754(cm)
= 37.54(m)

問題 60（過不足算：人数が変わる）
何人かの子供に 1 人 16 枚ずつカードを配ったところ、8 枚足りませんでした。10 人の子供が加わったので、今度は 1 人 12 枚ずつ配ったところ、24 枚余りました。カードは全部で何枚ありますか。

はじめの人数を①人とすると、
後半の人数は①＋10（人）と表せます。

①人に 16 枚ずつ配ると 8 枚足りなかったので、
カードの枚数は 16×①－8＝⑯－8（枚）・・・ア

①＋10 人に 12 枚ずつ配ると 24 枚余ったので、
カードの枚数は 12×（①＋10）＋24＝⑫＋144（枚）・・・イ

ア、イより、⑯－8＝⑫＋144 → ④＝152 → ①＝38

よって、カードの枚数は 38×16－8＝600（枚）となります。

※過不足算として解くこともできます。

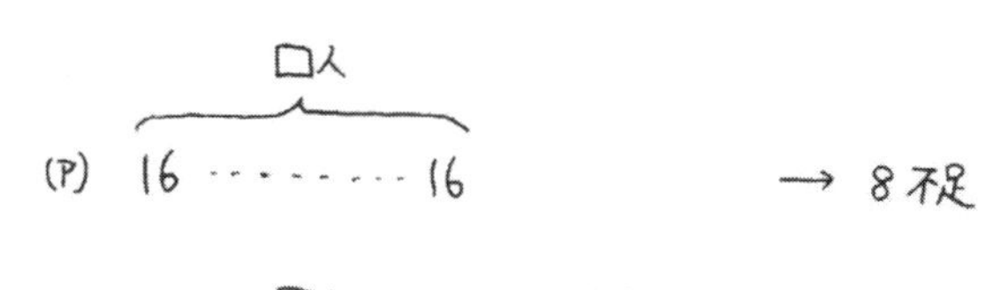

(イ) 12 ………… 12（□人） 12 …… 12（10人） → 24余る

(イ)を□人にすると，

(ウ) 12 ………… 12（□人） → $12 \times 10 + 24 = 144$ 余る

(ア)(ウ)より

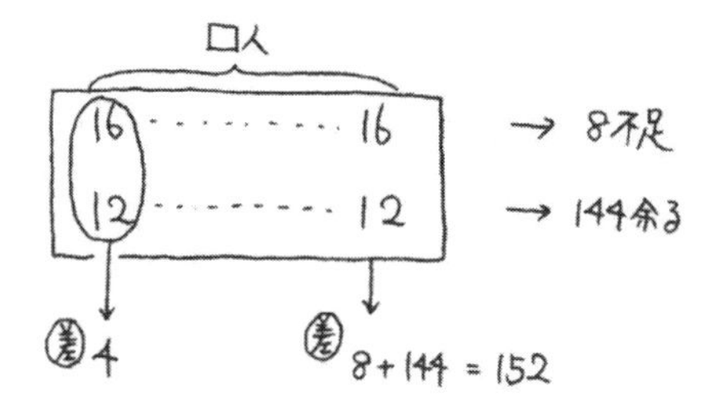

$\square = 152 \div 4 = 38$ (人)

よって，カードの枚数は

$16 \times 38 - 8 = 600$ (枚)

問題 61（過不足算：男女で異なる配り方）
男子よりも女子の方が２人多い学級でたくさんのビー玉を分けます。男子に９個ずつ、女子に７個ずつ配ると９個余り、男子に４個ずつ、女子の６個ずつ配ると 89 個余ります。この学級の人数は何人ですか。

男子の人数を①人とすると、
女子の人数は①＋２（人）と表せます。

男子に９個ずつ、女子に７個ずつ配ると９個余るので、
ビー玉の個数は ９×①＋７×（①＋２）＋９
＝⑯＋23（個）・・・ア

男子に４個ずつ、女子の６個ずつ配ると 89 個余るので、
ビー玉の個数は ４×①＋６×（①＋２）＋89
＝⑩＋101（個）・・・イ

ア、イより、⑯＋23＝⑩＋101 → ⑥＝78 → ①＝13

よって、学級の人数は 13＋13＋２＝28（人）となります。

※過不足算として解くこともできます。

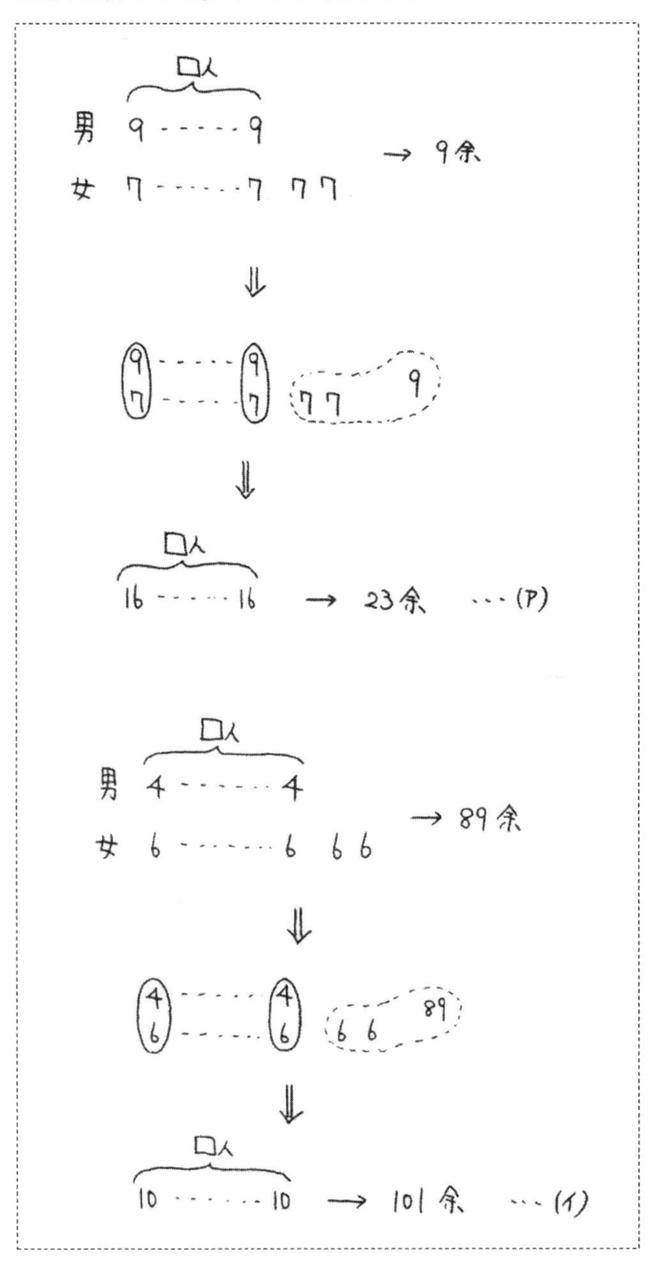

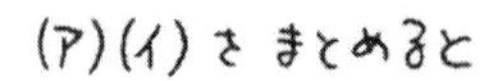

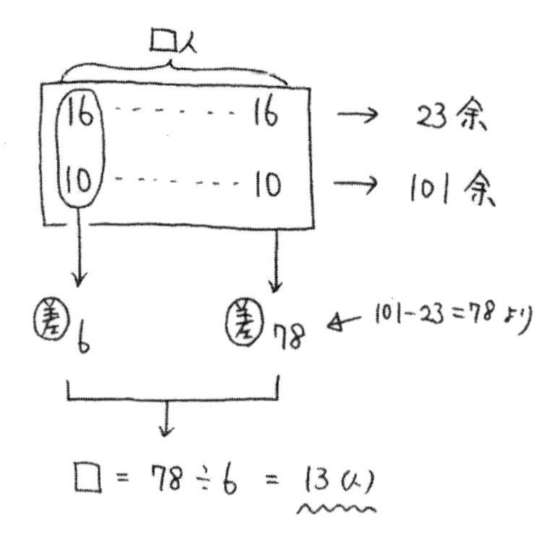

よって、学級の人数は、

$$\underbrace{13}_{男} + \underbrace{13+2}_{女} = 28\ (人)$$

問題 62（平均算：平均費用と個数）

ある品物を作るのに、1個目から15個目までは1個200円、16個目から50個目までは1個180円、51個目からは1個120円かかります。1個を作るのにかかる金額の平均を150円以下にするには、少なくとも何個作らなければなりませんか。

51個目からの個数（120円で作った個数）を①個とします。

全体の個数は 15＋35＋①＝50＋①（個）

全体の費用は 200×15＋180×35＋120×①

＝9300＋(120)（円）

1個あたりの平均費用が150円（ちょうど）とすると、

（9300＋(120)）÷（50＋①）＝150

→ 9300＋(120)＝（50＋①）×150

→ 9300＋(120)＝7500＋(150)

→(30)＝1800

→ ①＝60

つまり、①が60のとき、

1個あたりの平均費用は150円（ちょうど）となります。

①が 60 より多い（61 以上）とき、

１個 120 円で作る品物の個数が増えるので

平均費用は 150 円より低くなります。

逆に、①が 60 より少ない（59 以下）とき、

１個 120 円で作る品物の個数が減るので

平均費用は 150 円より高くなります。

よって、平均費用を 150 円以下にするには、

15＋35＋60＝110 個以上作ればいいことになります。

※面積図を使って解くこともできます。

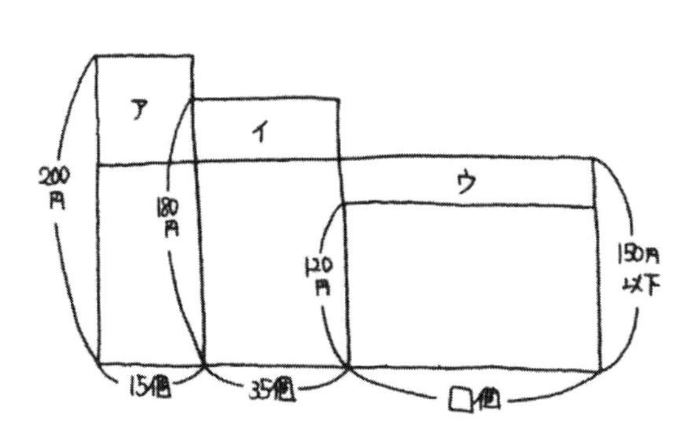

平均が150円とすると，

$(200-150)\times 15$（ア）＋ $(180-150)\times 35$（イ）＝ $(150-120)\times \square$（ウ）

→ $750 + 1050 = 30 \times \square$

→ $\square = 60$

よって，□が60以上のとき，平均は150円以下になる。

全体の個数は，$15 + 35 + 60 = 110$（個）

問題 63（相当算：複雑な相当算）

ある本を、１日目は全体の４分の１と 35 ページ、２日目は残りの５分の２を読んだところ、残りのページ数は本全体の８分の３になりました。２日目に読んだページ数を求めなさい。

全体を⑧ページ、１日目の残りを $\boxed{5}$ ページとします。

２日目に読んだページ数は $\boxed{5} \times \frac{2}{5} = \boxed{2}$（ページ）、

２日目の残りは ⑧$\times \frac{3}{8}$ ＝③（ページ）なので、

$\boxed{2}$ ＋③＝ $\boxed{5}$ → $\boxed{3}$ ＝③ → $\boxed{1}$ ＝①

１日目に読んだページ数は ⑧$\times \frac{1}{4}$ ＋35＝ ②＋35（ページ）、

１日目の残りは $\boxed{5}$ ＝⑤（ページ）なので、

②＋35＋⑤＝⑧ → ⑦＋35＝⑧ → ①＝35

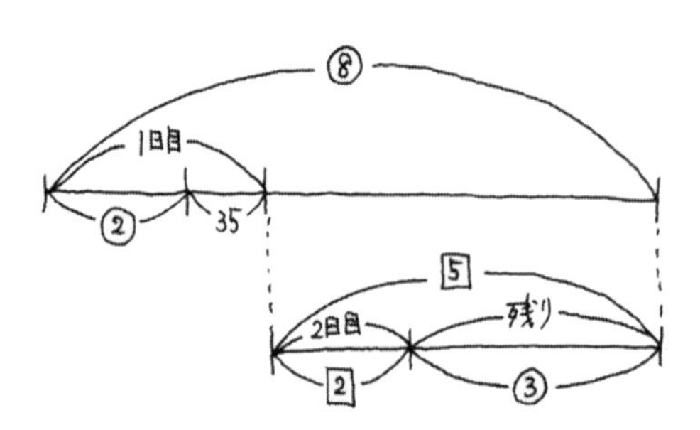

よって、２日目に読んだページ数は

[2] ＝②＝35×２＝70（ページ）となります。

※１種類の比（○数字）を使って解くこともできます。

全体＝①ページとすると，

1日目 $= \left(\frac{1}{4}\right) + 35$ → 1日目の残り $= \left(\frac{3}{4}\right) - 35$

2日目 $= \left(\left(\frac{3}{4}\right) - 35\right) \times \frac{2}{5} = \left(\frac{3}{10}\right) - 14$

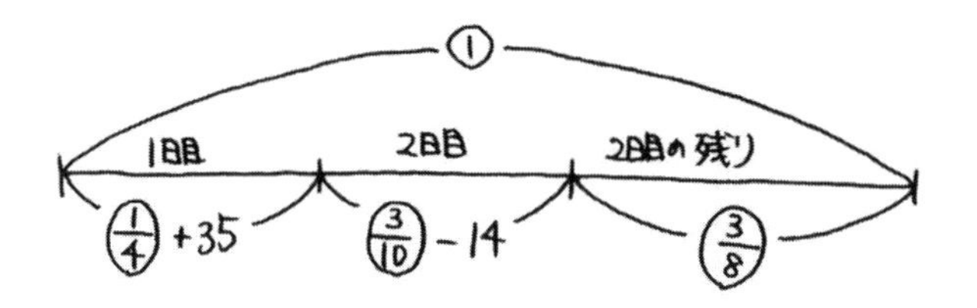

よって，①$= \left(\frac{1}{4}\right) + 35 + \left(\frac{3}{10}\right) - 14 + \left(\frac{3}{8}\right)$

→ ①$= \left(\frac{37}{40}\right) + 21$

→ $\left(\frac{3}{40}\right) = 21$ → ①$= 21 \div \frac{3}{40} = 280$

2日目 $= 280 \times \frac{3}{10} - 14 = 70$（ページ）

（$280 \times \frac{3}{10}$ は $\left(\frac{3}{10}\right)$）

問題 64（相当算：複雑な相当算）

ある中学校では、男子生徒の人数は女子生徒の人数の７分の６より８人多く、女子生徒の人数は生徒全員の人数の９分の４より 16 人多くなっています。生徒全員の人数を求めなさい。

女子生徒の人数を⑦人とすると、

男子生徒の人数は ⑦× $\frac{6}{7}$ +8=⑥+８（人）、

生徒全員の人数は ⑥+８+⑦=⑬+８（人）となります。

女子生徒の人数は生徒全員の人数の９分の４より 16 人多いので、

⑦=（⑬+8）× $\frac{4}{9}$ +16

→ ⑦= $\left(\frac{52}{9}\right)$ + $\frac{176}{9}$

→ $\left(\frac{11}{9}\right)$ = $\frac{176}{9}$

→ ①=16

よって、生徒全員の人数は

16×13+８=216（人）となります。

※生徒全員の人数を①とおいて解くこともできます。

全体 = ① 人 とすると,

女子 = $\textcircled{\tfrac{4}{9}}$ + 16 (人)

男子 = ($\textcircled{\tfrac{4}{9}}$ + 16) × $\frac{6}{7}$ + 8
（$\textcircled{\tfrac{4}{9}}$ + 16 ＝ 女子）

　　= $\textcircled{\tfrac{8}{21}}$ + $\frac{152}{7}$ (人)

男子 + 女子 = 全体 より

$\textcircled{\tfrac{8}{21}}$ + $\frac{152}{7}$ + $\textcircled{\tfrac{4}{9}}$ + 16 = ①

→ $\textcircled{\tfrac{52}{63}}$ + $\frac{264}{7}$ = ①

→ $\textcircled{\tfrac{11}{63}}$ = $\frac{264}{7}$ → ① = 216 (人)

問題 65（倍数算：３人のやりとり）

Ａ、Ｂ、Ｃの３人が持っているカードの枚数の比は８：５：４でした。ＡがＢ、Ｃに６枚ずつ渡すと、３人の枚数の比は 10：13：11 になりました。はじめにＡが持っていたカードは何枚でしたか。

はじめのＡ、Ｂ、Ｃの枚数を⑧、⑤、④枚とします。

やりとりの後、Ａの枚数は ⑧－６×２＝⑧－12（枚）、
Ｂの枚数は ⑤＋６（枚）となるので、
（⑧－12）：（⑤＋６）＝10：13

比例式の性質（外側どうしの積＝内側どうしの積）より、
→（⑧－12）×13＝（⑤＋６）×10
→(104)－156＝(50)＋60
→(54)＝ 216
→ ①＝４

よって、はじめのＡの枚数は
⑧＝４×８＝32（枚）となります。

※やり取りの前後で３人の枚数の和が変わらない（和が一定）

ことに注目して、次のように解くこともできます。

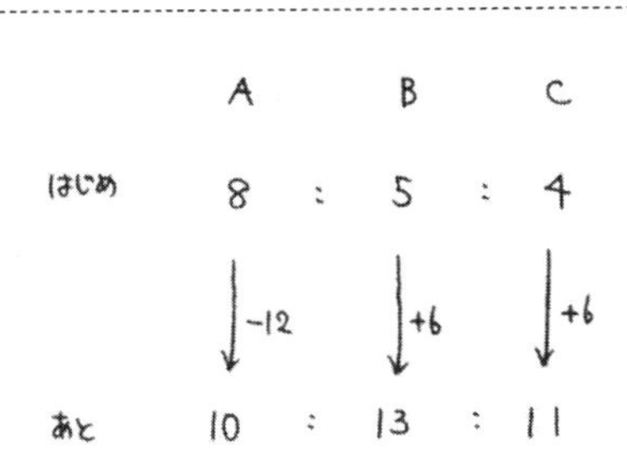

はじめの3人の和 ＝ 8＋5＋4 ＝ 17 …(ア)

あと の3人の和 ＝ 10＋13＋11 ＝ 34 …(イ)

実際は、(ア)(イ)は同じ枚数

→ 34（17, 34の最小公倍数）でそろえる

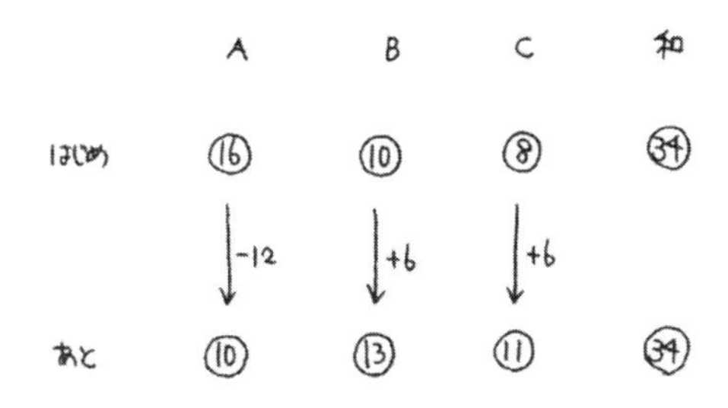

Bに注目すると、⑩＋6＝⑬ → ①＝2

よって、はじめのA ＝ 2×16（⑯）＝ 32（枚）

問題 66（年令算：複雑な年令算）
太郎君の家族は父、母、兄、太郎君、妹の５人家族です。現在の５人の年令は全員異なり、兄は妹より４才年上です。９年前の父と母の年令の和は、兄と太郎君と妹の年令の和の５倍でしたが、現在の父と母の年令の和は、兄と太郎君と妹の年令の和の２倍です。現在の太郎君の年令を求めなさい。ただし、９年前の時点で妹は生まれていたものとします。

９年前の子供たちの年令の和（兄＋太郎＋妹）を①才とすると、
両親の年令の和（父＋母）は⑤才と表せます。

現在は、９年前から全員９才ずつ年令が増えているので、
子供たちの年令の和は ①＋９×３＝①+27（才）
両親の年令の和は ⑤＋９×２＝⑤+18（才）

現在の両親の年令の和は、子供たちの年令の和の２倍なので、
⑤+18＝（①+27）×2
→ ⑤+18＝②+54 → ③＝36 → ①＝12

よって、現在の子供たちの年令の和は 12+27＝39（才）、
両親の年令の和は 12×5＋18＝78（才）となります。

子供たちの年令の和は 39 才、兄は妹より４才年上、妹は９才以上なので、３人の年令の組み合わせは、次の表のようになります。

兄	13	14	15	16	17	・・・
太郎	17	15	13	11	9	・・・
妹	9	10	11	12	13	・・・

この中で「兄＞太郎＞妹」の条件を満たしているのは、
（15、13、11）のみです。

よって、現在の太郎君の年令は 13 才となります。

問題 67（年令算：複雑な年令算）

父、母、長男、次男、三男の５人家族がいます。父は母より３才年上で、３人の子供の年令にはそれぞれ２才ずつ差があります。現在、父の年令は三男の年令の５倍です。さらに、12 年前はまだ次男と三男は生まれていなかったため、父と母と長男の３人家族で、年令の和は 64 才でした。現在の母の年令は何才ですか。

現在の三男の年令を①才とすると、
次男は①＋２（才）、長男は①＋４（才）、
父は⑤（才）、母は⑤－３（才）と表せます。

12 年前の父の年令は ⑤－12（才）
母の年令は ⑤－12－３＝⑤－15（才）
長男の年令は ①＋４－12＝①－８（才）

12 年前の３人の年令の和は 64 才なので、
⑤－12＋⑤－15＋①－８＝64
→ ⑪－35＝64 → ⑪＝99 → ①＝9

よって、現在の母の年令は ９×５－３＝42（才）となります。

※条件から父の年令をしぼり込み、次のように解くこともできます。

現在の父の年令は三男の年令の５倍なので、

現在の父の年令は５の倍数→12 年前の父の年令は「５の倍数－12」

12 年前の父の年令を 20 才以上とすると、

この条件を満たす年令は 23、28、33、38、・・・（才）

12 年前の父、母、長男の年令の和は 64 才、父は母より３才年上なので、

３人の年令の組み合わせは次の表のようになりますが、

この中で現実的なのは（33、30、6）（38、35、1）の２組です。

父	23	28	33	38
母	20	25	30	35
長男	21	11	6	1

（38、35、1）の場合、現在の父は 50 才、長男は 13 才となりますが、

父は三男の５倍なので三男は 10 才→次男は 12 才→長男は 14 才となり、

長男の年令が合わなくなってしまいます。

よって、12 年前の３人の年令の組み合わせは（33、30、6）で、

現在の母の年令は 30＋12＝42 才となります。

問題 68（ニュートン算：つるかめ算の利用）

窓口が３つある売り場に、10 秒に１人の割合で客が切符を買いに来ます。客の人数が 90 人になったとき、切符を売り始めます。窓口を３つとも開けて売り始めると、10 分で行列がなくなります。窓口を３つとも開けて売り始め、途中から窓口を１つ閉めて２つだけで売るとすると、行列を 15 分以内でなくすためには、窓口を３つ開けておく時間は少なくとも何分間必要ですか。

行列は 10 秒に１人 → 60 秒に６人、

つまり毎分６人の割合で増えることになります。・・・ア

窓口３つの場合は 90 人の行列が 10 分でなくなるので、

行列は毎分 90÷10＝９（人）の割合で減ります。・・・イ

窓口１つで売る人数を毎分□人とすると、

窓口３つで売る人数を毎分□×３（人）となるので、

ア、イより、□×３－６＝９ → □＝5

つまり、窓口１つで売る人数は毎分５人となります。・・・（☆）

ここで、行列が15分（ちょうど）でなくなる場合を考えます。

窓口３つを開ける時間を①分間とすると、
窓口３つで売った人数は　5×3×①＝⑮（人）
窓口２つで売った人数は　5×2×（15－①）＝150－⑩（人）
15分間で行列が増えた人数は　6×15＝90（人）

「売った人数＝はじめの行列の人数＋増えた人数」なので、
⑮＋150－⑩＝90＋90 → ⑮＋150－⑩＝180 → ①＝6

よって、窓口３つを開ける時間が6分間のとき、
行列は15分でなくなります。

窓口３つを開ける時間が6分未満の場合、
かわりに窓口２つを開ける時間が増えることになる
→ 15分間に売った人数が減る
→ 15分間で行列はなくならない
ということになります。

よって、行列を15分以内でなくすためには、
窓口を３つ開ける時間が少なくとも6分間必要となります。

※解説の（☆）以降は、つるかめ算として解くこともできます。

１分間に減る人数（売った人数－買いに来た人数）は、

窓口２つの場合は ５×２－６＝４（人）

窓口３つの場合は ５×３－６＝９（人）

行列が 15 分（ちょうど）でなくなるとすると、

前半（窓口３つ）は毎分９人、後半（窓口２つ）は毎分４人、

合計 15 分間で 90 人減ることになります。

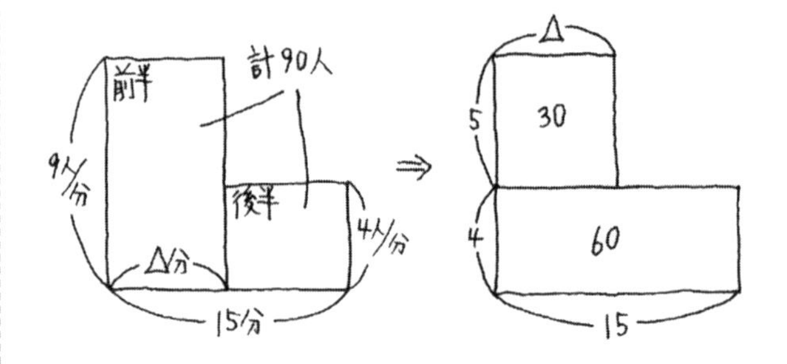

面積図より、△＝30÷５＝６

よって、行列を 15 分以内でなくすためには、

窓口を３つ開ける時間が少なくとも６分間必要となります。

問題69（ニュートン算：複雑なニュートン算）
ある映画館で新作映画の試写会が行われました。その日は、上映１時間前に657人の客が入場を待っていたので、窓口を４つ開けて入場させました。入場を開始して18分後でも621人が窓口に並んでいたので、もう２つの窓口を開けて入場させたら、上映15分前に351人が窓口に並んでいました。１分あたり何人の客が窓口に新しく並びますか。

１つの窓口で入場する人数を毎分①人、
窓口に新しく並ぶ人数を毎分[1]人とします。

窓口を４つ開けたとき、
18分間で行列は36人減った（657人→621人）ので、
①×４×18－[1]×18＝36
→(72)－[18]＝36 → ④－[1]＝２・・・ア

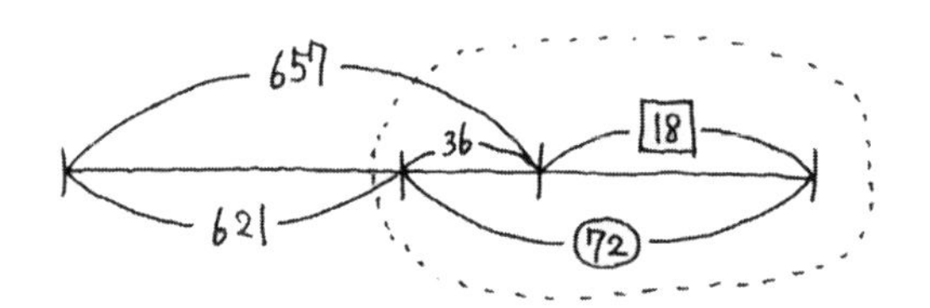

窓口を6つ（4つ＋2つ）開けたとき、

27分間（※）で行列は270人減った（621人→351人）ので、

①×6×27－[1]×27＝270

→ (162)－[27]＝270 → ⑥－[1]＝10・・・イ

（※）入場開始（上映1時間前＝60分前）から18分後＝上映42分前

上映42分前から上映15分前まで→27分間

ア、イより、②＝8 → ①＝4 → [1]＝14

よって、1分あたり窓口に新しく並ぶ人数は14人となります。

※１分あたりの増減に注目して解くこともできます。

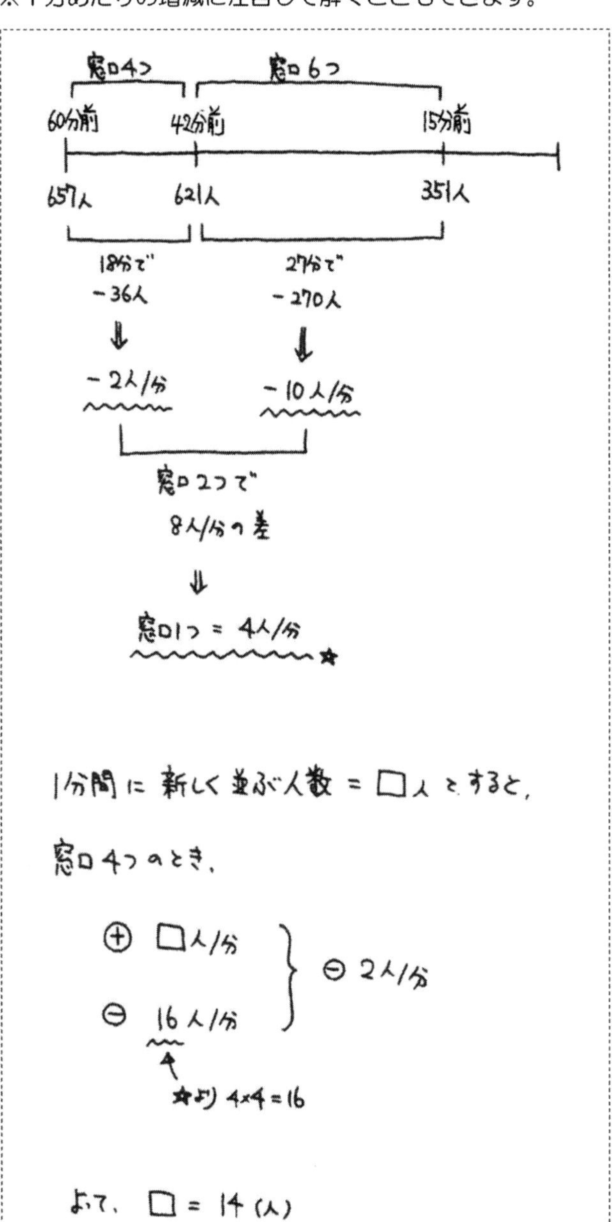

問題 70（食塩水：２通りのまぜ方）
ＡとＢの２種類の食塩水があります。ＡとＢを２：１の割合でまぜると９％の食塩水ができ、４：７の割合でまぜると 14％の食塩水ができます。５：６の割合でまぜると何％の食塩水ができますか。

Ａの濃度を①％、Ｂの濃度を［1］％とします。

また、それぞれのまぜ方を
ＡとＢを２：１の割合でまぜる → Ａ200ｇとＢ100ｇをまぜる
ＡとＢを４：７の割合でまぜる → Ａ400ｇとＢ700ｇをまぜる
ＡとＢを５：６の割合でまぜる → Ａ500ｇとＢ600ｇをまぜる
というように、具体的な重さにおきかえて考えていきます。

Ａ200ｇとＢ100ｇをまぜると、
食塩水全体の重さは 200＋100＝300（ｇ）
食塩の重さは $200 \times \frac{①}{100} + 100 \times \frac{\boxed{1}}{100}$ ＝②＋［1］（ｇ）

食塩水の濃度は９％になるので、

②＋［1］＝$300 \times \frac{9}{100}$ ＝27・・・ア

A400ｇとB700ｇをまぜると、

食塩水全体の重さは 400＋700＝1100（ｇ）

食塩の重さは $400 \times \frac{①}{100} + 700 \times \frac{\boxed{1}}{100} = ④ + \boxed{7}$（g）

食塩水の濃度は14％になるので、

$④ + \boxed{7} = 1100 \times \frac{14}{100} = 154$・・・イ

アを2倍すると、$④ + \boxed{2} = 54$・・・ウ

イからウを引くと、$\boxed{5} = 100 \rightarrow \boxed{1} = 20 \rightarrow ① = 3.5$

A500ｇとB600ｇをまぜると、

食塩水全体の重さは 500＋600＝1100（ｇ）

食塩の重さは $500 \times \frac{3.5}{100} + 600 \times \frac{20}{100} = 137.5$（g）

食塩水の濃度は 137.5÷1100＝0.125 → 12.5％

よって、AとBを5：6の割合でまぜると

<u>12.5％</u>の食塩水ができます。

※天びん図を使って解くこともできます。

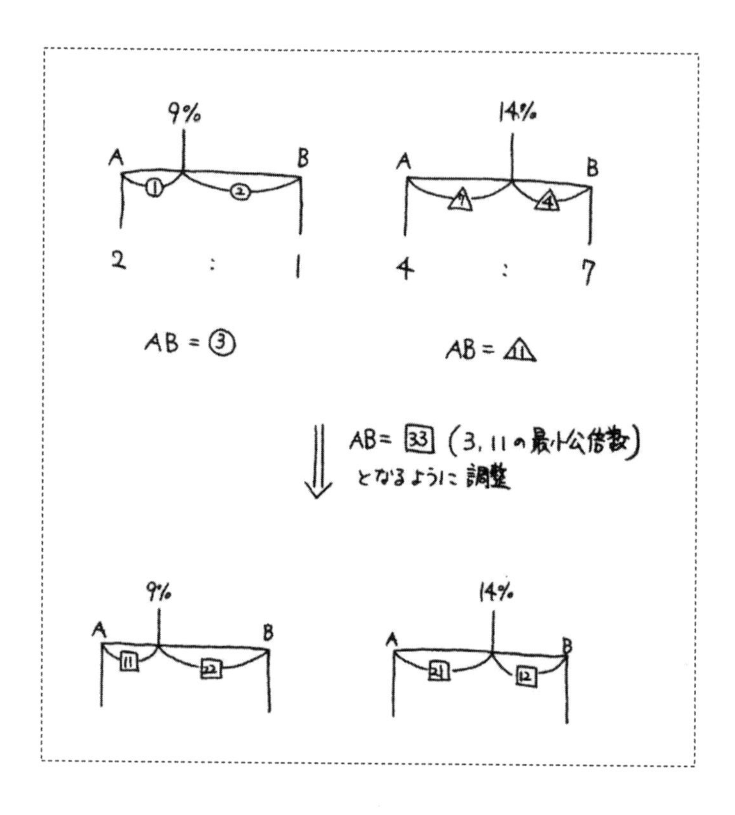

ABを重ねると．

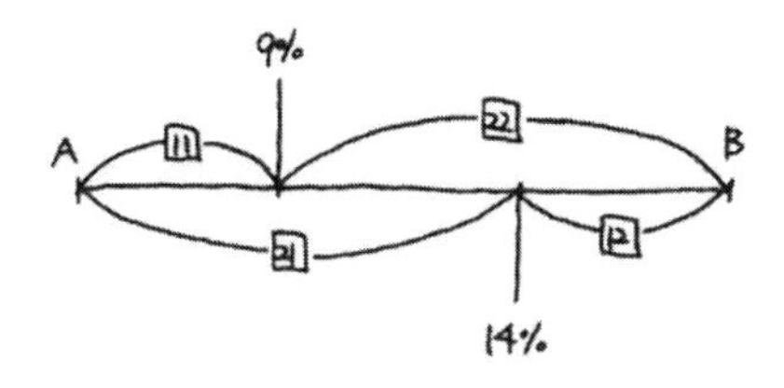

⇓

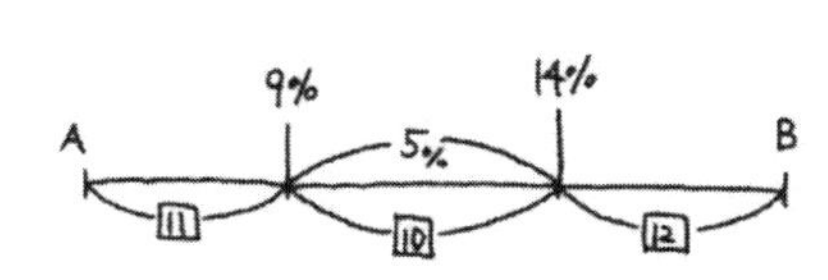

$\boxed{10} = 5\% \rightarrow \boxed{1} = 0.5\%$

$A = 9 - 0.5 \times 11 = 3.5\%$

$B = 14 + 0.5 \times 12 = 20\%$

よって，A : B = 5 : 6 の割合でまぜると．

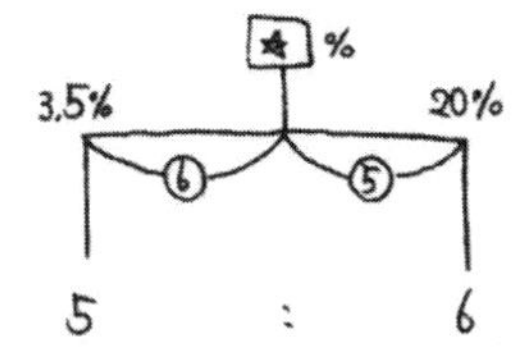

⑥ + ⑤ = 20 − 3.5 → ① = 1.5

$\boxed{☆} = 3.5 + 1.5 \times 6 = 12.5$ (%)

問題 71（損益算：複雑な損益算）

ある品物 10 個に、仕入れ値の 15%の利益を見込んで定価をつけましたが、3 個しか売れなかったので、残り 7 個を 1 個につき 100 円引きにしたところ、すべて売れて利益は全部で 500 円になりました。この品物 1 個あたりの仕入れ値を求めなさい。

1個あたりの仕入れ値を①円とすると、

定価は ①×（1＋0.15）＝$\textcircled{1.15}$（円)、

値引き後の売り値は$\textcircled{1.15}$－100（円）となります。

10個仕入れたので、

仕入れにかかった費用は ①×10＝⑩（円）

定価で3個売れたので、

定価での売上は$\textcircled{1.15}$×3＝$\textcircled{3.45}$（円）

値引き後に7個売れたので、

値引き後の売上は（$\textcircled{1.15}$－100）×7＝$\textcircled{8.05}$－700（円）

売上の合計は$\textcircled{3.45}$＋$\textcircled{8.05}$－700＝$\textcircled{11.5}$－700（円）

利益（売上の合計ー仕入れにかかった費用）は

(11.5)－700－⑩＝(1.5)－700（円）

利益は 500 円なので、

(1.5)－700＝500

→(1.5)＝1200

→ ①＝1200÷1.5＝800

よって、1個あたりの仕入れ値は 800 円となります。

> 問題 72（旅人算：３人の旅人算）
> 太郎君と次郎君はＡから、三郎君はＢからＣに向かって３人同時に出発すると、太郎君は 10 分後、次郎君は 12 分後に三郎君に追いつきます。太郎君がＡから、次郎君がＢからＣに向かって同時に出発すると、太郎君は何分で次郎君に追いつきますか。

ＡＢ間の距離を⑥⓪ｍ（※）とします。

（※）時間（10分、12分）の最小公倍数

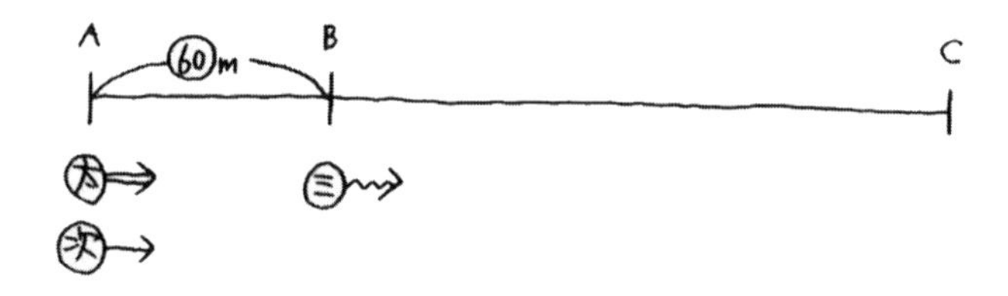

太郎君は10分後に三郎君に追いつくので、

速さの差（太郎君－三郎君）は⑥⓪÷10＝⑥（ｍ／分）

次郎君は12分後に三郎君に追いつくので、

速さの差（次郎君－三郎君）は⑥⓪÷12＝⑤（ｍ／分）

太郎君と次郎君の速さの差は ⑥－⑤＝①（m／分）

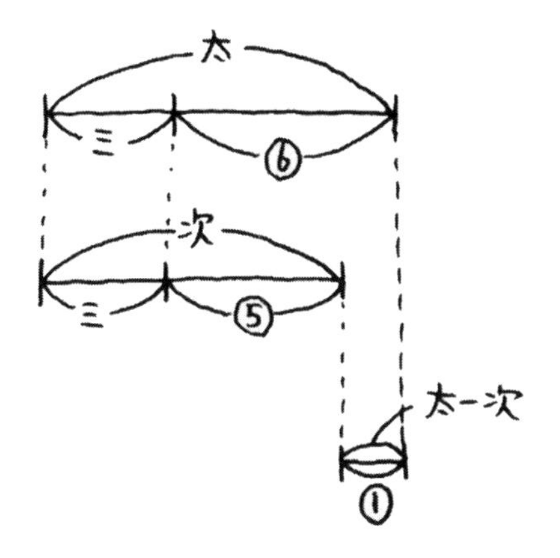

よって、A を出発した太郎君が B を出発した次郎君に追いつくのに

かかる時間は㊵÷①＝60（分）となります。

問題 73（旅人算：出会いと追い越し）
電車が上りと下りとも同じ間かくで時速 84km で走っています。この線路に平行な道をオートバイが一定の速さで走っています。このオートバイは 3 分ごとに電車とすれ違い、11 分ごとに電車に追い越されます。オートバイの速さは時速何 km ですか。

電車の速さは

時速 84km＝84000m÷60 分＝分速 1400m

電車と電車の間かくを□m、

オートバイの速さを分速①mとします。

オートバイは3分ごとに電車とすれ違うので、

□÷（1400＋①）＝3

→ □＝（1400＋①）×3＝4200＋③・・・ア

オートバイは 11 分ごとに電車に追い越されるので、

□÷（1400－①）＝11

→ □＝（1400－①）×11＝15400－⑪・・・イ

ア、イより、

4200＋③＝15400－⑪

→ ③＋⑪＝15400－4200 → ⑭＝11200 → ①＝800

よって、オートバイの速さは

毎分800m＝0.8km×60分＝時速48kmとなります。

※速さの比と時間の比が逆比になることを利用して、

次のように解くこともできます。

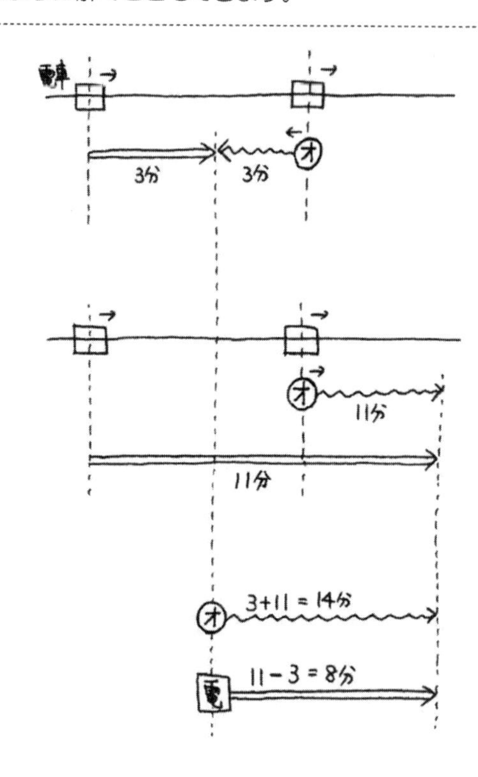

時間の比は、電車：オートバイ ＝ 8：14

＝ 4：7

→ 速さの比は 7：4

よって、オートバイの速さは、84（電車）× $\frac{4}{7}$ ＝ 48（時速）

※速さの和と差を比でおいて、次のように解くこともできます。

電車の速さ ＝ 84 km/時

オートバイの速さ ＝ □ km/時

電車の間かく ＝ ☆ km　とすると，

3分ごとにすれ違う

→ ☆ ÷ (84 + □) ＝ $\frac{3}{60}$ (時間)

11分ごとに追い越す

→ ☆ ÷ (84 − □) ＝ $\frac{11}{60}$

商が $\frac{3}{60}$: $\frac{11}{60}$ ＝ 3 : 11

→ 割る数は 11 : 3

84 + □ ＝ ⑪ ，84 − □ ＝ ③ とすると，

84 + □ ＝ ⑪
+) 84 − □ ＝ ③
168 ＝ ⑭ → ① ＝ 12

よって，84 + □ ＝ 12 × 11 ＝ 132
（⑪）

→ □ ＝ 48 (km/時)

問題 74（通過算：２通りの追い越し）

電車が線路と平行な道を時速６km で歩いている人を６秒で、時速 14km で走っている人を７秒で追い抜きました。この電車の速さは時速何 km ですか。

電車が人を追い抜くには、

電車が人より「電車の長さ」だけ多く進めばいいことになります。

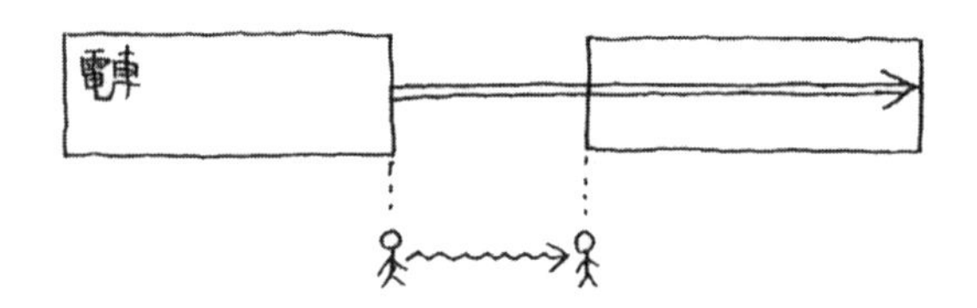

１時間＝3600 秒なので、１秒＝ $\frac{1}{3600}$ 時間

→ ６秒＝ $\frac{6}{3600}$ 時間、７秒＝ $\frac{7}{3600}$ 時間

電車の長さを□km、

電車の速さを時速①km とします。

電車は時速6kmで歩いている人を6秒で追い抜くので、

□÷（①−6）＝ $\frac{6}{3600}$ 時間

→ □＝（①−6）× $\frac{6}{3600}$ ・・・ア

電車は時速14kmで走っている人を7秒で追い抜くので、

□÷（①−14）＝ $\frac{7}{3600}$ 時間

→ □＝（①−14）× $\frac{7}{3600}$ ・・・イ

ア、イより、

（①−6）× $\frac{6}{3600}$ ＝（①−14）× $\frac{7}{3600}$

→（①−6）× $\frac{6}{3600}$ ×3600＝（①−14）× $\frac{7}{3600}$ ×3600

→（①−6）×6＝（①−14）×7

→ ⑥−36＝⑦−98

→ ①＝62

よって、電車の速さは時速62kmとなります。

問題 75（通過算：出会いと追い越し）

同じ長さの急行電車と普通電車が同じ方向に走っているとき、急行電車が普通電車に追いついてから並ぶまでに 14 秒かかります。また、反対方向に走っているとき、出会ってからはなれるまでに２秒かかります。急行電車と普通電車の速さの比を求めなさい。

急行電車の速さを秒速 1 m、普通電車の速さを秒速①m、

電車の長さを□mとします。

急行電車が普通電車に追いついてから並ぶには、

急行電車が普通電車より□m多く進めばいいことになります。

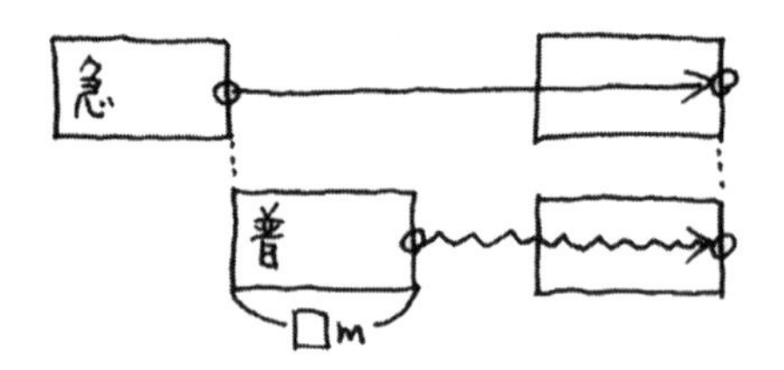

急行電車が普通電車に追いついてから並ぶまでに 14 秒かかるので、

□÷（ 1 −①）＝14 → □＝（ 1 −①）×14・・・ア

急行電車と普通電車が出会ってからはなれるには、

2台の電車が合計で□×2（m）進めばいいことになります。（※）

急行電車と普通電車が出会ってからはなれるまでに2秒かかるので、

□×2÷（[1]＋①）＝2 → □＝[1]＋①・・・イ

ア、イより、

（[1]－①）×14＝[1]＋①

→ [14]－⑭＝[1]＋①

→ [13]＝⑮

→ [1]×13＝①×15

→ [1]：①＝15：13

よって、急行電車と普通電車の速さの比は15：13となります。

（※）前ページの波線部は、次のように考えることができます。

２台の電車が出会ってからはなれるのにかかる時間は、
「長さの和÷速さの和」で求められます。

例えば、長さ 180 で秒速 30mの電車Ａと
長さ 120mで秒速 20mの電車Ｂが
出会ってからはなれるまでにかかる時間は、
（180＋120）÷（30＋20）＝6（秒）となります。

このことは、

電車A、Bが出会ってからはなれる
→ 電車A、Bの最後尾に乗っている人が出会う
→ ２人が 300m（180＋120）はなれた地点から、
それぞれ秒速 30m、20mで向かい合って進む
→ 出会うのにかかる時間は 300÷（30＋20）＝6（秒）

というように、旅人算に変換することで説明できます。

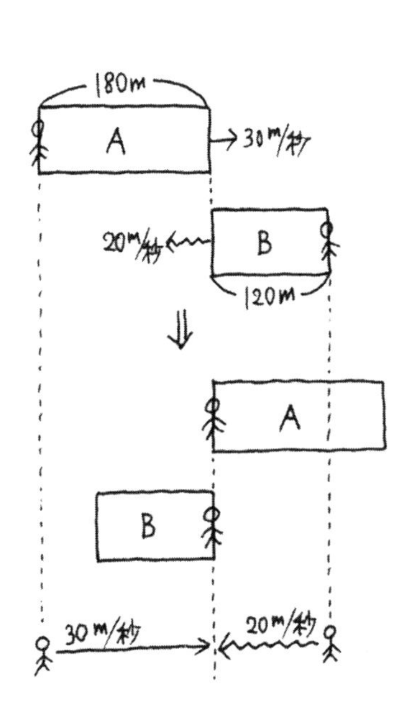

問題 75 の波線部については、

急行電車と普通電車が出会ってからはなれるには

２台の電車が合計で「長さの和」、

つまり □×２（m）進めばいいと考えることができます。

問題 76（通過算：出会いと追い越し）
長さ 80mの電車A、長さ 100mの電車B、長さ 155mの電車Cがあります。電車Cの速さは電車Aの速さの 1.2 倍です。電車Aが電車Bに追いついてから完全に追い越すのに 30 秒かかりました。また、電車Cが電車Bに追いついてから完全に追い越すのに 25 秒かかりました。電車Cの速さは秒速何mですか。

電車Ａの速さを秒速⑤m、電車Ｂの速さを秒速 1 mとすると、
電車Cの速さは秒速⑥m（＝⑤×1.2）となります。

電車Ａが電車Ｂを追い越すには、
電車Ａが電車Ｂより 180m（電車A、Bの長さの和）
多く進めばいいことになります。

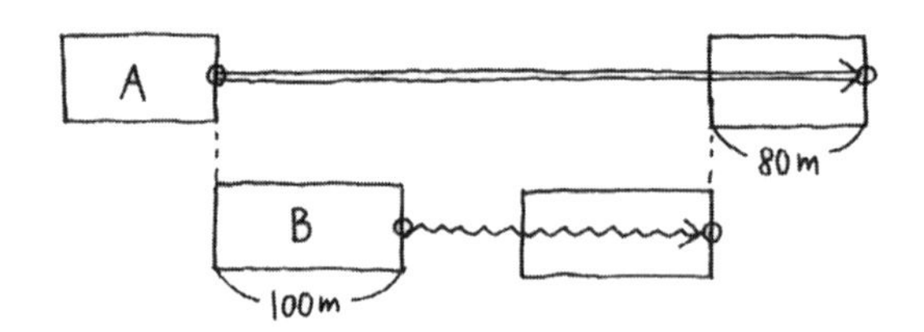

電車Ａが電車Ｂを追い越すのに 30 秒かかったので、
180÷（⑤－ 1 ）＝30 → ⑤－ 1 ＝6・・・ア

電車Cが電車Bを追い越すには、

電車Cが電車Bより255m（電車C、Bの長さの和）

多く進めばいいことになります。

電車Cが電車Bを追い越すのに25秒かかったので、

255÷（⑥－[1]）＝25 → ⑥－[1]＝10.2・・・イ

ア、イより、①＝10.2－6＝4.2 → ⑥＝4.2×6＝25.2

よって、電車Cの速さは秒速25.2mとなります。

問題77（速さと比：平均の速さ）

A君は、P地点からQ地点を通りR地点まで走りました。P地点からQ地点までは時速10kmで走り、Q地点からR地点までは時速5kmで走ったところ、P地点からR地点までの平均の速さは時速8kmになりました。P地点からQ地点までの道のりは、Q地点からR地点までの道のりの何倍ですか。

時速10kmで走った時間を①時間、

時速5kmで走った時間を[1]時間とします。

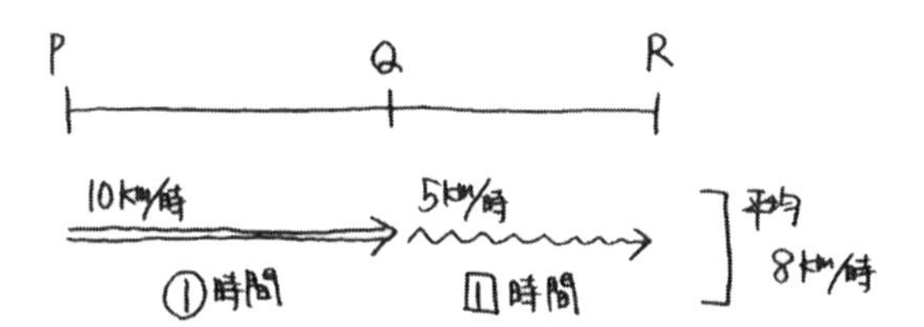

P地点からQ地点までの道のりは　10×①＝⑩（km）

Q地点からR地点までの道のりは　5×[1]＝[5]（km）

→　P地点からR地点までの道のりは　⑩＋[5]（km）

Ｐ地点からＲ地点までの平均の速さは時速８km なので、

（⑩＋$\boxed{5}$）÷（①＋$\boxed{1}$）＝8

→ ⑩＋$\boxed{5}$＝（①＋$\boxed{1}$）×8

→ ⑩＋$\boxed{5}$＝⑧＋$\boxed{8}$

→ ②＝$\boxed{3}$

→ ①×２＝$\boxed{1}$×３

→ ①：$\boxed{1}$＝３：２

ＰＱの道のりとＱＲの道のりの比は、

⑩：$\boxed{5}$

＝３×10：２×５

＝30：10＝３：１

よって、Ｐ地点からＱ地点までの道のりは

Ｑ地点からＲ地点までの道のりの３倍となります。

※面積図を使って解くこともできます。

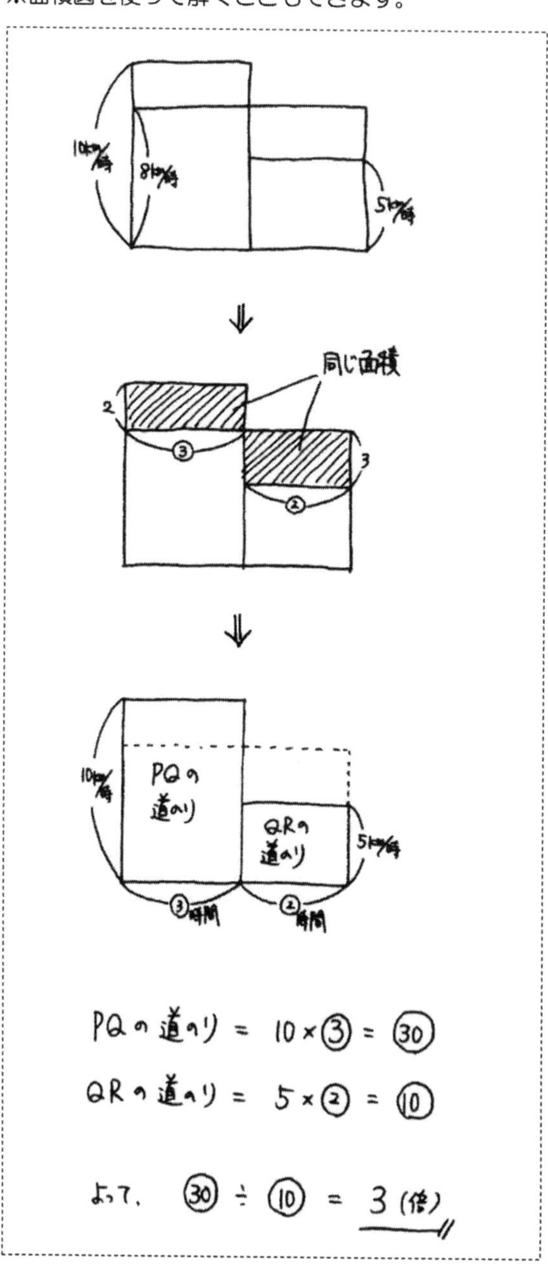

問題 78（過不足算：３通りの配り方）

あめ玉を男子に９個ずつ、女子に４個ずつ配ると、６個足りません。男子に４個ずつ、女子に９個ずつ配ると、14 個余ります。男子、女子どちらにも６個ずつ配ると、15 個余ります。あめ玉は何個ありますか。

男子の人数を $\boxed{1}$ 人、女子の人数を①人、
あめ玉の個数を□個とします。

男子に９個ずつ、女子に４個ずつ配ると６個足りないので、
□＝９× $\boxed{1}$ ＋４×①－６＝ $\boxed{9}$ ＋④－６・・・ア

男子に４個ずつ、女子に９個ずつ配ると、14 個余ります。
□＝４× $\boxed{1}$ ＋９×①＋14＝ $\boxed{4}$ ＋⑨＋14・・・イ

男子、女子どちらにも６個ずつ配ると、15 個余り
□＝６× $\boxed{1}$ ＋６×①＋15＝ $\boxed{6}$ ＋⑥＋15・・・ウ

アとイを加えると、

□×2＝$\boxed{13}$＋⑬＋8・・・エ

ウを2倍すると、

□×2＝$\boxed{12}$＋⑫＋30・・・オ

エ、オより、

$\boxed{13}$＋⑬＋8＝$\boxed{12}$＋⑫＋30

→$\boxed{1}$＋①＝22 →$\boxed{6}$＋⑥＝132・・・カ

ウ、カより、□＝132＋15＝147

よって、あめ玉の個数は147個となります。

問題 79（不定方程式：範囲をしぼり込む）

A、B、C 3種類のボールペンを合わせて 50 本買います。1本の値段はA、B、Cそれぞれ 120 円、150 円、250 円で、AとBのボールペンの本数の比は1：2です。合計金額を 10000 円以下にするとき、Cは最大で何本買うことができますか。

Aの本数を①本、Bの本数を②本、Cの本数を[1]本とします。

合計本数は 50 本なので、

①+②+[1]＝50 → ③+[1]＝50・・・ア

合計金額を 10000 円（ちょうど）とすると、

120×①+150×②+250×[1]＝10000

→(420)＋[250]＝10000

→(42)＋[25]＝1000・・・イ

アを 14 倍すると、(42)＋[14]＝700・・・ウ

イからウを引くと、

[11]＝300 → [1]＝ $27\frac{3}{11}$

値段の高いＣの本数が少ない（その分、ＡとＢの本数が多い）ほど合計金額は少なくなるので、合計金額が 10000 円以下のとき、Ｃの本数は 27 本以下となります。

Ｃが 27 本のとき、ＡとＢの合計本数は 23 本なので、

①＋②＝23 → ①＝$7\frac{2}{3}$ となるので×（本数が分数になるので）

Ｃが 26 本のとき、ＡとＢの合計本数は 24 本なので、

①＋②＝24 → ①＝8 となるので○

よって、Ｃを買える最大の本数は 26 本となります。

問題 80（仕事算：条件によって仕事量が変わる）

太郎君と次郎君は仲が良く、一緒に仕事をするとおしゃべりをしてしまうので、２人が別々に作業するときに比べて、できる仕事の量がそれぞれ 80%になります。太郎君と次郎君が２人で一緒にすれば 10 日間で終わる予定だった仕事を、別々にすることになったので、まず太郎君が 10 日間働き、その後次郎君が５日間働いて終わらせました。同じ時間働くとき、太郎君は次郎君の何倍の仕事をしますか。

別々に作業するとき、太郎君と次郎君が１日にする仕事量をそれぞれ[5]、⑤とすると、一緒に作業するときの仕事量は[4]、④（[5]、⑤の 80%）となります。

太郎君と次郎君が２人で一緒にすれば 10 日間で終わるので、全体の仕事量は [4] ×10＋④×10＝[40] ＋(40) ・・・ア

太郎君が 10 日間働いた後に次郎君が５日間働くと終わるので、全体の仕事量は [5] ×10＋⑤×５＝[50] ＋(25) ・・・イ

ア、イより、

$\boxed{40} + \textcircled{40} = \boxed{50} + \textcircled{25}$

$\rightarrow \boxed{10} = \textcircled{15} \rightarrow \boxed{1} = \textcircled{1.5}$

よって、太郎君の仕事量は次郎君の 1.5 倍となります。

オンライン家庭教師のご案内

中学受験生を対象に、Zoomによる算数の受験指導（オンライン家庭教師）を行っております。

下記サイトに詳細を書いておりますので、指導を希望される方はご参照ください。

公式サイト「中学受験の戦略」
https://www.kumano-takaya.com/

【主な難関校の合格状況】

開成：合格率77%（22名中17名合格、2010～2023年度）
聖光学院：合格率86%（21名中18名合格、2010～2023年度）
渋谷幕張：合格率81%（26名中21名合格、2010～2023年度）
桜蔭＋豊島岡＋女子学院：合格率82%（17名中14名合格、2016～2023年度）

※合格率は「受講期間7ヶ月以上（平均1年7ヶ月）」等の条件を満たし、算数以外の科目について実力が一定以上の受講者を対象に算出しています。

【2016～2023年度の主な合格実績】

開成13名、聖光学院16名、渋谷幕張17名、灘5名、筑波大駒場4名、桜蔭5名、豊島岡8名、女子学院1名、麻布5名、栄光学園4名、駒場東邦1名、武蔵2名、渋谷渋谷4名、早稲田3名、慶應普通部1名、慶應中等部（1次）1名、慶應湘南藤沢（1次）1名、筑波大附1名、海城8名、西大和学園18名、海陽（特別給費生）6名、広尾学園（医進）3名、浅野3名、浦和明の星7名

※「受講期間7ヶ月以上（平均1年7ヶ月）」等の条件を満たす受講者を対象にしています。

【主な指導実績】

・サピックス模試1位、筑駒模試1位（4年12月、筑波大駒場、開成、聖光学院、渋谷幕張）
・サピックス模試1桁順位、筑駒模試1位（新5年2月、筑波大駒場、開成、渋谷幕張）
・サピックス模試1桁順位（4年9月、筑波大駒場、灘、開成、渋谷幕張、栄光学園）
・合不合模試・算数1位、算数偏差値75（5年6月、筑波大駒場、麻布、聖光学院、渋谷幕張）
・サピックス模試・算数偏差値76（新5年2月、聖光学院、渋谷幕張）
・サピックス模試・算数偏差値75（5年4月、聖光学院、海陽・特別給費生）
・桜蔭模試・算数偏差値75（新6年2月、桜蔭、豊島岡）

・サピックス模試１位、算数偏差値79（新６年２月、筑波大駒場、灘、開成、海陽・特別給費生）
・サピックス模試１桁順位（６年６月、灘、開成、西大和学園）
・サピックス模試・算数偏差値76（４年７月、渋谷幕張、海陽・特別給費生）
・サピックス模試・算数偏差値78（新４年２月、開成、聖光学院、渋谷幕張、西大和学園）
・開成模試３位（４年５月、開成、聖光学院、渋谷幕張、西大和学園）
・サピックス模試１桁順位（５年５月、麻布、渋谷幕張、西大和学園）
・桜蔭模試・算数偏差値80、総合１位（５年６月、桜蔭、豊島岡、渋谷幕張、西大和学園）
・開成模試・13回連続で合格判定（５年４月、開成、聖光学院、渋谷幕張、西大和学園）
・灘模試・偏差値70（５年７月、灘、開成、栄光学園、海陽・特別給費生、西大和学園）
・サピックス模試・算数偏差値78（新６年２月、灘、渋谷幕張、西大和学園）
・開成模試・算数１位（４年１月、聖光学院、渋谷渋谷・特待合格、西大和学園）
・栄光学園模試・算数偏差値74、武蔵模試・算数偏差値74（５年８月、栄光学園、武蔵）
・開成模試・算数偏差値71（新６年３月、開成、渋谷幕張）
・麻布模試・算数１位（５年７月、筑波大駒場、麻布、聖光学院、渋谷幕張、海陽・特別給費生、西大和学園）

・開成模試１位（４年 11 月、灘、開成、聖光学院、渋谷幕張）

・桜蔭模試・算数偏差値 70（新５年２月、桜蔭、渋谷幕張）

・開成模試・算数１位（新５年２月、開成、渋谷幕張、西大和学園）

※かっこ内は、開始時期と主な合格校です。

※自宅受験は含めず、会場受験のみの結果を対象としています。

メールマガジンのご案内

不定期でメールマガジンを発行しております。
配信を希望される方は、下記サイトからご登録ください。

公式サイト「中学受験の戦略」
https://www.kumano-takaya.com/

【過去のテーマ（抜粋）】

・「復習主義」で成果が出ない場合の対処法
・問題集は「仕分ける」ことで効率的に進められる
・模試は「自宅受験」ではなく「会場受験」を選択する
・「思考力勝負」の受験生は、過小評価されていることが多い
・思考系対策は６年生の秋以降に効いてくる
・「一時的に評価の下がっている学校」は狙い目になる
・過去問演習の高得点を過信しない
・練習校受験は本命校合格への「投資」になる
・難関校合格者の多くは「目先の結果」を犠牲にしている
・難関校受験生が「本格的な応用問題」を開始する時期
・難関校受験生が早めに受けておきたい模試

■著者紹介■

熊野　孝哉（くまの・たかや）

中学受験算数専門のプロ家庭教師。甲陽学院中学・高校、東京大学卒。開成中合格率77%（22名中17名合格、2010～2023年度）、聖光学院中合格率86%（21名中18名合格、2010～2023年度）、渋谷幕張中合格率81%（26名中21名合格、2010～2023年度）、女子最難関中（桜蔭、豊島岡、女子学院）合格率82%（17名中14名合格、2016～2023年度）など、特に難関校受験で高い成功率を残している。

公式サイト「中学受験の戦略」
https://www.kumano-takaya.com/

主な著書に
『算数の戦略的学習法・難関中学編』
『算数の戦略的学習法』
『場合の数・入試で差がつく51題』
『速さと比・入試で差がつく45題』
『図形・入試で差がつく50題』
『文章題・入試で差がつく56題』
『比を使って文章題を速く簡単に解く方法』
『詳しいメモで理解する文章題・基礎固めの75題』
『算数ハイレベル問題集』（エール出版社）がある。

また、『プレジデントファミリー』（プレジデント社）において、
「中学受験の定番13教材の賢い使い方」（2008年11月号）
「短期間で算数をグンと伸ばす方法」（2013年10月号）
「家庭で攻略可能！二大トップ校が求める力（2010年5月号、灘中算数を担当）など、
中学受験算数に関する記事を多数執筆。

中学受験

「比」を使って算数の文章題を
機械的に解く方法

2023年 8 月 20日　初版第1刷発行

著　者　熊　野　孝　哉
編集人　清水智則　　発行所　エール出版社
〒101-0052　東京都千代田区神田小川町2-12　信愛ビル4F
電話　03(3291)0306　　FAX　03(3291)0310
メール　info@yell-books.com

乱丁・落丁本はおとりかえします。
＊定価はカバーに表示してあります。
© 禁無断転載
ISBN978-4-7539-3548-2

中学受験算数専門プロ家庭教師・熊野孝哉が提言する

難関校合格への 62 の戦略

● 開成中合格率 78%など、難関校入試で高い成功率を残す算数専門プロ家庭教師による受験戦略書。「マンスリーテスト対策を行わない理由」「開成向きの受験生と聖光向きの受験生」「公文式は中学受験の成功率を底上げする」「プラスワン問題集の効果的な取り組み方」「海陽（特別給費生）は最高の入試体験になる」など、難関校対策に特化した 62 の戦略を公開。

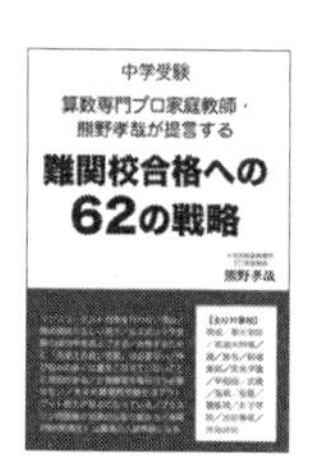

ISBN978-4-7539-3511-6

中学受験
算数の戦略的学習法難関中学編

● 中学受験算数専門のプロ家庭教師・熊野孝哉による解説書。難関校対策に絞った塾の選び方から先取り学習の仕方、時期別学習法まで詳しく解説。

1 章・塾選び／2 章・先取り／3 章・塾課題と自主課題／4 章・算数の学習法 1（5 年前期）／5 章・算数の学習法 2（5 年後期）／6 章・算数の学習法 3（6 年前期）／7 章・算数の学習法 4（6 年後期）／8 章・その他（過去の執筆記事）／9 章・最新記事

ISBN978-4-7539-3528-4

熊野孝哉・著

◉本体各 1500 円（税別）

熊野孝哉の「速さと比」
入試で差がつく45題+7題

● 中学受験算数専門のプロ家庭教師・熊野孝哉による問題集。「速さと比」の代表的な問題（基本25題＋応用20題）を厳選し、大好評の「手書きメモ」でわかりやすく解説。短期間で「速さと比」を得点源にしたい受験生におすすめの１冊。**補充問題７問付き !!**

A 5判・並製・本体1500円（税別）　ISBN978-4-7539-3473-7

熊野孝哉の「場合の数」
入試で差がつく51題+17題

● 中学受験算数専門のプロ家庭教師・熊野孝哉による問題集。「場合の数」の代表的な問題（基本51題＋応用８題）を厳選し、大好評の「手書きメモ」でわかりやすく解説。短期間で「場合の数」を得点源にしたい受験生におすすめの１冊。**補充問題17問付き !!**

A 5判・並製・本体1500円（税別）　ISBN978-4-7539-3475-1

熊野孝哉の「図形」
入試で差がつく50題+4題

● 中学受験算数専門のプロ家庭教師・熊野孝哉による問題集。「図形」の代表的な問題(中堅校向け20題＋上位校向け20題＋難関校向け10題)を厳選し、大好評の「手書きメモ」でわかりやすく解説。短期間で「図形」を得点源にしたい受験生におすすめの１冊。補充問題４問付き !!

A 5判・並製・本体1500円（税別）　ISBN978-4-7539-3487-4

美しい灘中入試算数大解剖 平面図形・数分野

—受験算数最高峰メソッド—

中学入試算数で問題のレベル設定・精度の高さは灘中が圧倒的。本書で中学入試算数の最高峰メソッドを身につければ、どんな中学入試算数も面白いほど簡単に解ける。

第１章　平面図形
第２章　数の性質
第３章　場合の数

定価 1700 円（税別）
ISBN978-4-7539-3529-1

灘中・開成中・筑駒中 受験生が必ず解いておくべき算数 101 問

入試算数最高峰レベルの問題を解く前に、これだけは押さえておきたい問題を厳選。

第１部：101 問の前に　基本の確認 35 問

和と差に関する文章題／比と割合に関する文章題／数と規則性／平面図形／立体図形／速さ／場合の数

第２部：灘中・開成中・筑駒中受験生が必ず解いておくべき 101 問

数の性質／規則性／和と差に関する文章題／比と割合に関する文章題／平面図形／立体図形／速さ／図形の移動／水問題／場合の数

大好評！
改訂版出来 !!

定価 1500 円（税別）
ISBN978-4-7539-3499-7

算数ソムリエ・著